Mathematik
Auf einen Blick!

Stochastik

Bildnachweis
Umschlag (Farben-Reihe): © montiannoowong

Inhalt

Vorwort

Liebe Schülerinnen und Schüler,

dieses Heft bietet Ihnen einen **kompakten Überblick** über die in der Schule behandelten Inhalte in der **Stochastik** und dient als nützlicher Baustein bei der Vorbereitung auf Klausuren und die Abiturprüfung. Das Besondere dabei: Jedes Thema ist konsequent im praktischen **Doppelseitenformat** dargestellt. **Auf einen Blick** erfassen Sie so alle Zusammenhänge oder verwenden die Doppelseite als Hilfestellung bei einer vorgegebenen Aufgabe.

Jede Doppelseite bietet

* eine kompakte Einführung zum Thema (**Auf einen Blick**).
* eine Aufstellung wichtiger **Begriffe, Schreibweisen und Formeln** zum jeweiligen Thema.
* **Beispielaufgaben**, die sich mit für das Thema typischen Aufgabenstellungen befassen und ausführlich gelöst werden.
* eine Zusammenstellung von Punkten, die bei der Einordnung des Themas in einen Gesamtzusammenhang helfen oder bei der Lösung von Aufgaben beachtet werden sollten, um typischen Fehlern vorzubeugen (**Worauf Sie achten sollten …**).

Ein Zusatzteil, der sich mit dem Umgang mit **Stochastiktabellen** befasst, rundet die vielfältigen Einsatzmöglichkeiten dieses Hefts ab.

Begleitend zum Inhalt bietet die **Mindmap** eine Übersicht der Themen dieses Hefts und verdeutlicht deren Zusammenhänge.

Viel Erfolg bei der Arbeit mit diesem Heft!

K. Neumeier

Kathrin Neumeier

Auf einen Blick

Ein **Zufallsexperiment** ist ein Versuch mit mehreren möglichen Ausgängen, bei dem vorher nicht klar ist, welcher Ausgang eintreten wird.

Wird dieser Versuch einmal durchgeführt, handelt es sich um ein **einstufiges Zufallsexperiment**. Besteht das Experiment aus mehreren Einzelversuchen, spricht man von einem **mehrstufigen Zufallsexperiment**.

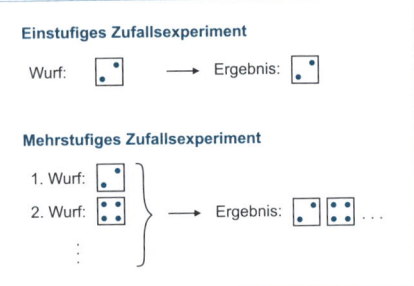

Begriffe, Schreibweisen und Formeln

Ergebnisse und Ereignisse

- Als **Ergebnisraum** oder **Ergebnismenge** Ω wird die Menge aller möglichen Ausgänge des Zufallsexperiments bezeichnet. Diese nennt man **Ergebnisse** und sie werden mit ω_1, ω_2 etc. bezeichnet:

  $\Omega = \{\omega_1; \omega_2; ...; \omega_m\}$

- Die Anzahl m der Ergebnisse gibt die **Mächtigkeit** der Ergebnismenge an. Man schreibt:

  $|\Omega| = m$

- Bei einem **einstufigen Zufallsexperiment** enthalten die Ergebnisse jeweils **nur ein Element**.

- Bei einem **n-stufigen Zufallsexperiment** bestehen die Ergebnisse aus **Tupeln**, die **n Elemente** enthalten: $(e_1; e_2; ...; e_n)$ oder kurz $e_1 e_2 ... e_n$

- Jede Teilmenge der Ergebnismenge Ω stellt ein **Ereignis** dar. Die Menge aller Teilmengen von Ω wird als **Ereignisraum** bezeichnet.

- Ein Ereignis A enthält k Ergebnisse. Man schreibt: $|A| = k$

Verknüpfung von Ereignissen und Gegenereignis

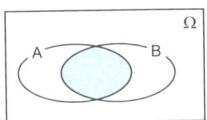
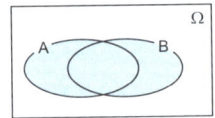

Schnittmenge der Ereignisse A und B: $A \cap B$

Vereinigungsmenge der Ereignisse A und B: $A \cup B$

Gegenereignis von Ereignis A: $\overline{A}$

Besondere Ereignisse

- Ereignis enthält **alle** Ergebnisse der Ergebnismenge Ω: **sicheres Ereignis**
- Ereignis enthält **genau ein** Ergebnis der Ergebnismenge Ω: **Elementarereignis**
- Ereignis enthält **kein** Ergebnis der Ergebnismenge Ω: **unmögliches Ereignis**
- Zwei Ereignisse enthalten **kein gemeinsames Ergebnis** ($A \cap B = 0$) der Ergebnismenge Ω: **disjunkte** oder **unvereinbare Ereignisse**

Beispielaufgaben

1. Bei welchen der folgenden Versuche handelt es sich um Zufallsexperimente? Begründen Sie.
   a) Wurf eines Würfels
   b) Ausstrahlung der Sendungen eines Fernsehsenders
   c) Ziehen eines Loses

2. Ein Clown jongliert mit einem roten, einem blauen und einem grünen Ball so lange, bis einer dieser Bälle herunterfällt. Es wird betrachtet, welcher Ball zuerst fällt.
   a) Geben Sie die Ergebnismenge an, wenn der Versuch einmal durchgeführt wird.
   b) Geben Sie die Ergebnismenge an, wenn der Versuch zweimal durchgeführt wird.
   c) Für das zweistufige Zufallsexperiment werden die Ereignisse A = {rr; bb; gg} und B = {rr; rb; rg} festgelegt. Dabei gilt: r = rot, b = blau und g = grün
      Bestimmen Sie die Schnittmenge und die Vereinigungsmenge von A und B sowie das Gegenereignis von A.

Lösung:

1. a) Bei einem Würfel können die Zahlen 1, 2, 3, 4, 5 oder 6 fallen. Es ist vorher nicht klar, welche der Zahlen oben liegen wird. Daher handelt es sich um ein Zufallsexperiment.
   b) Das Fernsehprogramm eines Senders wird genau geplant und festgelegt. Daher weiß man, welche Sendungen ausgestrahlt werden. Es handelt sich also nicht um ein Zufallsexperiment.
   c) Beim Ziehen eines Loses weiß man nicht, was sich in den jeweiligen Losen befindet. Ob man einen Gewinn oder eine Niete zieht, ist zufällig. Es handelt sich deshalb um ein Zufallsexperiment.

2. a) Mit r = rot, b = blau und g = grün gilt:
      Ω = {r; b; g}
   b) Ω = {rr; rb; rg; br; bb; bg; gr; gb; gg}
   c) Schnittmenge: $A \cap B$ = {rr}
      Vereinigungsmenge: $A \cup B$ = {rr; rb; rg; bb; gg}
      Gegenereignis von A: $\overline{A}$ = {rb; rg; br; bg; gr; gb}

> **Vereinigungsmenge**
> Das Ergebnis rr ist in beiden Ereignissen enthalten.
> Es wird daher bei der Vereinigungsmenge nur einmal aufgelistet.

Worauf Sie achten sollten ...

- Jedes Zufallsexperiment lässt sich als **Urnenexperiment** veranschaulichen. Bei mehrstufigen Zufallsexperimenten unterscheidet man zwischen den Fällen **mit Zurücklegen** und **ohne Zurücklegen**. [▶ S. 12 f.]
- Bei der Betrachtung eines Zufallsexperiments kann die Verwendung eines **Baumdiagramms** hilfreich sein. [▶ S. 10 f.]
- Besondere Zufallsexperimente: **Laplace-** [▶ S. 8 f.] und **Bernoulli-Experimente** [▶ S. 20 f.]
- Häufig werden die Begriffe Ergebnis und Ereignis miteinander verwechselt. Als Ergebnis wird jeder mögliche Ausgang des Zufallsexperiments bezeichnet. Ein Ereignis kann kein oder genau ein Ergebnis enthalten oder auch mehrere Ergebnisse.
- Bei der Veranschaulichung von Verknüpfungen von Ereignissen helfen **Mengendiagramme**. [▶ S. 2, *Verknüpfung von Ereignissen und Gegenereignis*]

Auf einen Blick

Die **absolute Häufigkeit k** gibt an, wie oft beim Durchführen eines Zufallsexperiments ein bestimmtes Ereignis A eintritt. Um die **relative Häufigkeit h_n** zu erhalten, wird dieser Wert durch die **Anzahl der Versuche n** des Zufallsexperiments geteilt:

$$h_n(A) = \frac{\text{absolute Häufigkeit}}{\text{Anzahl der Versuche}} = \frac{k}{n}$$

Begriffe, Schreibweisen und Formeln

Gesetz der großen Zahlen
Bei n-maligem Wiederholen eines Zufallsexperiments **nähert sich die relative Häufigkeit $h_n(A)$** für ein immer größer werdendes n **einem bestimmten Wert an**.

Veranschaulichung durch Mengendiagramm und Vierfeldertafel
- Bei zwei Ereignissen A und B können **absolute Häufigkeiten** folgendermaßen dargestellt werden:

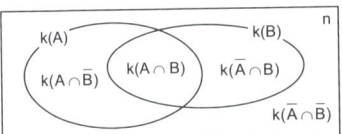

	A	$\overline{A}$	
B	$k(A \cap B)$	$k(\overline{A} \cap B)$	$k(B)$
$\overline{B}$	$k(A \cap \overline{B})$	$k(\overline{A} \cap \overline{B})$	$k(\overline{B})$
	$k(A)$	$k(\overline{A})$	n

- **Relative Häufigkeiten** werden in einer Vierfeldertafel dargestellt, indem alle Einträge durch die Anzahl der Versuche n geteilt werden:

	A	$\overline{A}$	
B	$\frac{k(A \cap B)}{n}$	$\frac{k(\overline{A} \cap B)}{n}$	$\frac{k(B)}{n}$
$\overline{B}$	$\frac{k(A \cap \overline{B})}{n}$	$\frac{k(\overline{A} \cap \overline{B})}{n}$	$\frac{k(\overline{B})}{n}$
	$\frac{k(A)}{n}$	$\frac{k(\overline{A})}{n}$	$\frac{n}{n} = 1$

Eigenschaften der relativen Häufigkeiten
- Die Werte liegen **zwischen 0 und 1**:

unmögliches Ereignis: $h_n(\{\,\}) = 0$ ⟶ $0 \le h_n(A) \le 1$ ⟵ sicheres Ereignis: $h_n(\Omega) = 1$

- Die **Summe** der relativen Häufigkeiten aller Ergebnisse eines Zufallsexperiments ergibt **1**:
$h_n(\omega_1) + h_n(\omega_2) + \ldots + h_n(\omega_m) = 1$
- Die **relative Häufigkeit eines Ereignisses** $A = \{\omega_1, \omega_2, \ldots, \omega_k\}$ setzt sich aus der **Summe der relativen Häufigkeiten der Ergebnisse** zusammen, die das Ereignis enthält:
$h_n(A) = h_n(\omega_1) + h_n(\omega_2) + \ldots + h_n(\omega_k)$
- **Satz vom Gegenereignis:** $h_n(A) + h_n(\overline{A}) = 1$
- **Additionssatz:** $h_n(A \cup B) = h_n(A) + h_n(B) - h_n(A \cap B)$

1. Die Schüler einer Klasse werden befragt, welche Sportart ihre liebste ist. Das Ergebnis der Umfrage wird in der folgenden Tabelle dargestellt:

Sportart	Fußball	Reiten	Volleyball	Basketball	Leichtathletik	Tanzen
Anzahl der Schüler	7	5	7	3	4	4

   a) Geben Sie die relativen Häufigkeiten an.
   b) Bestimmen Sie die relative Häufigkeit für das Ereignis A: „Die Lieblingssportart ist eine Ballsportart."
   c) Bestimmen Sie die relative Häufigkeit für das Ereignis B: „Für das Ausüben der Lieblingssportart benötigt man keine Pferde."

2. Ein Würfel wird 10-mal geworfen. Betrachtet werden die Ereignisse A: „Die gewürfelte Zahl ist gerade" und B: „Die gewürfelte Zahl ist eine Primzahl". Es werden die folgenden Zahlen gewürfelt: 2, 5, 3, 1, 3, 4, 1, 4, 5, 6
   Stellen Sie die absoluten Häufigkeiten in einer Vierfeldertafel dar.

Lösung:

1. a) Insgesamt wurden $n = 7 + 5 + 7 + 3 + 4 + 4 = 30$ Schüler befragt.

Sportart	Fußball	Reiten	Volleyball	Basketball	Leichtathletik	Tanzen
h_n	$\frac{7}{30}$	$\frac{5}{30}$	$\frac{7}{30}$	$\frac{3}{30}$	$\frac{4}{30}$	$\frac{4}{30}$

   b) $h_n(A) = h_n(\text{Fußball}) + h_n(\text{Volleyball}) + h_n(\text{Basketball})$
   $= \frac{7}{30} + \frac{7}{30} + \frac{3}{30} = \frac{17}{30} \approx 0{,}5667 = 56{,}67\,\%$

   c) $h_n(B) = 1 - h_n(\overline{B}) = 1 - h_n(\text{Reiten})$
   $= 1 - \frac{5}{30} = \frac{25}{30} \approx 0{,}8333 = 83{,}33\,\%$

2. $A = \{2; 4; 6\}$; $B = \{2; 3; 5\}$; $A \cap B = \{2\}$; $A \cap \overline{B} = \{4; 6\}$; $\overline{A} \cap B = \{3; 5\}$; $\overline{A} \cap \overline{B} = \{1\}$
   Absolute Häufigkeiten der einzelnen Ergebnisse:
   $k(1) = 2$; $k(2) = 1$; $k(3) = 2$; $k(4) = 2$; $k(5) = 2$; $k(6) = 1$

	A	$\overline{A}$	
B	1	4	5
$\overline{B}$	3	2	5
	4	6	10

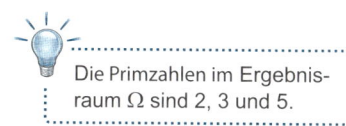

Die Primzahlen im Ergebnisraum Ω sind 2, 3 und 5.

- Relative Häufigkeiten lassen sich nur schwer in Mengendiagrammen darstellen. Die Vierfeldertafel ist dafür besser geeignet.
- Es gibt auch **Mehrfeldertafeln**. Diese werden dann verwendet, wenn ein Merkmal nicht nur zwei verschiedene Ausprägungen besitzt, sondern mindestens drei.
- Das Gesetz der großen Zahlen führt auf die **Definition der Wahrscheinlichkeit**. [▶ S. 6 f.]
- Wenn das Ereignis A viele Ergebnisse enthält, kann es einfacher sein, die relative Häufigkeit über das **Gegenereignis** $\overline{A}$ zu bestimmen. [▶ *Beispielaufgabe 1 c*]

Auf einen Blick

Bei n-maligem Wiederholen eines Zufallsexperiments nähert sich die relative Häufigkeit h_n für ein immer größer werdendes n einem bestimmten Wert an. Dieser Wert wird **Wahrscheinlichkeit P** genannt.

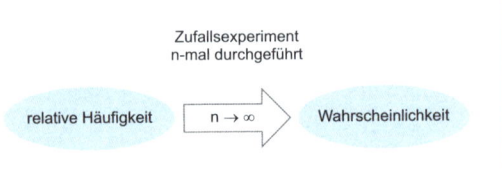

Begriffe, Schreibweisen und Formeln

Axiome von Kolmogorow

Man nennt eine Funktion P, die jedem Ereignis $A \subset \Omega$ eine reelle Zahl $P(A)$ zuordnet, eine **Wahrscheinlichkeitsverteilung**, wenn die folgenden drei **Axiome** erfüllt sind:

- Axiom 1: **Nichtnegativität:** $P(A) \geq 0$ für alle $A \subset \Omega$
- Axiom 2: **Normiertheit:** $P(\Omega) = 1$
- Axiom 3: **Additivität:** $P(A \cup B) = P(A) + P(B)$, falls $A \cap B = \{\ \}$

Folgerungen aus den Axiomen

- Die Wahrscheinlichkeiten liegen **zwischen 0 und 1**:

unmögliches Ereignis: $P(\{\ \}) = 0$　⟶　$0 \leq P(A) \leq 1$　⟵　sicheres Ereignis: $P(\Omega) = 1$

- Die **Summe** der Wahrscheinlichkeiten aller möglichen Ergebnisse eines Zufallsexperiments ergibt **1**:

  $P(\omega_1) + P(\omega_2) + \ldots + P(\omega_m) = 1$

- Die **Wahrscheinlichkeit eines Ereignisses** $A = \{\omega_1, \omega_2, \ldots, \omega_k\}$ setzt sich aus der **Summe der Wahrscheinlichkeiten der Ergebnisse** zusammen, die das Ereignis enthält:

  $P(A) = P(\omega_1) + P(\omega_2) + \ldots + P(\omega_k)$

- **Satz vom Gegenereignis:** $P(A) + P(\overline{A}) = 1$
- **Additionssatz:** $P(A \cup B) = P(A) + P(B) - P(A \cap B)$

Beispielaufgaben

1. Für das Werfen eines gezinkten Würfels ist die folgende Wahrscheinlichkeitsverteilung gegeben:

Augenzahl	1	2	3	4	5	6
Wahrscheinlichkeit	0,5x	0,1	0,1	0,1	x	2x

a) Bestimmen Sie x.

b) Berechnen Sie die Wahrscheinlichkeit dafür, dass 5 oder 6 gewürfelt wird.

c) Berechnen Sie die Wahrscheinlichkeit dafür, dass eine Zahl größer als 2 gewürfelt wird.

2. In einer groß angelegten Umfrage wird untersucht, welchen Messenger Jugendliche auf ihrem Smartphone verwenden. Dafür werden die Programme A und B betrachtet. Das Programm A verwenden 70 % der Jugendlichen und das Programm B verwendet genau die Hälfte aller befragten Personen. 30 % der Jugendlichen verwenden beide Programme.

   a) Stellen Sie den Sachverhalt in einer Vierfeldertafel dar.

   b) Bestimmen Sie die Wahrscheinlichkeit dafür, dass ein Jugendlicher mindestens eines der Programme A und B verwendet.

Lösung:

1. a) Nach Axiom 2 muss gelten:

$$0{,}5x + 0{,}1 + 0{,}1 + 0{,}1 + x + 2x = 1$$
$$3{,}5x + 0{,}3 = 1$$
$$3{,}5x = 0{,}7$$
$$x = 0{,}2$$

   b) $P(5 \text{ oder } 6) = P(5) + P(6)$
   $$= 0{,}2 + 2 \cdot 0{,}2$$
   $$= 0{,}2 + 0{,}4 = 0{,}6 = 60\,\%$$

Das Gegenereignis enthält weniger Ergebnisse. Daher bietet es sich an, dieses zu bestimmen und darüber das Ereignis zu berechnen.

   c) $P(\text{größer } 2) = P(3, 4, 5 \text{ oder } 6)$
   $$= 1 - P(1 \text{ oder } 2)$$
   $$= 1 - (P(1) + P(2))$$
   $$= 1 - (0{,}5 \cdot 0{,}2 + 0{,}1)$$
   $$= 1 - 0{,}2 = 0{,}8 = 80\,\%$$

2. a) Gegeben ist: $P(A) = 0{,}7$; $P(B) = 0{,}5$; $P(A \cap B) = 0{,}3$

	A	$\overline{A}$	
B	**0,3**	0,2	**0,5**
$\overline{B}$	0,4	0,1	0,5
	0,7	0,3	**1**

Die blau eingetragenen Werte sind gegeben. Die restlichen erhält man durch passende Subtraktionen.

   b) Additionssatz:
   $$P(A \cup B) = P(A) + P(B) - P(A \cap B) = 0{,}7 + 0{,}5 - 0{,}3 = 0{,}9 = 90\,\%$$

Worauf Sie achten sollten ...

- **Unterschied zwischen relativen Häufigkeiten und Wahrscheinlichkeiten:** Bei der Durchführung eines Zufallsexperiments erhält man relative Häufigkeiten. Nur wenn dieses Zufallsexperiment sehr oft wiederholt wird, darf man von Wahrscheinlichkeiten sprechen.

- Für die Angabe einer Wahrscheinlichkeitsverteilung genügt es, die Wahrscheinlichkeiten aller Ergebnisse aufzulisten. Daraus kann man die Wahrscheinlichkeiten für alle relevanten Ereignisse berechnen.

- Wahrscheinlichkeiten können in echten Brüchen, Dezimalbrüchen oder Prozentzahlen angegeben werden.

- Sie sollten Ihre Ergebnisse bei Wahrscheinlichkeitsberechnungen immer auf Sinnhaftigkeit prüfen. Wenn Sie **Werte kleiner als 0 oder größer als 1** erhalten, muss die Rechnung **fehlerhaft** sein.

Auf einen Blick

Ein **Laplace-Experiment** ist ein Zufallsexperiment, bei dem alle Ergebnisse des Ergebnisraums **gleich wahrscheinlich** sind:

$\Omega = \{\omega_1; \omega_2; \ldots; \omega_m\}$ mit $P(\omega_1) = P(\omega_2) = \ldots = P(\omega_m)$

Begriffe, Schreibweisen und Formeln

Laplace-Wahrscheinlichkeit
- Wahrscheinlichkeit für jedes **Ergebnis** ω_k des Ergebnisraums:

$$P(\omega_k) = \frac{1}{|\Omega|} = \frac{1}{\text{Anzahl aller möglichen Ergebnisse}} = \frac{1}{m}$$

- Wahrscheinlichkeit für jedes **Ereignis A**, das sich aus Ergebnissen des Ergebnisraums zusammensetzt:

$$P(A) = \frac{|A|}{|\Omega|} = \frac{\text{Anzahl aller günstigen Ergebnisse}}{\text{Anzahl aller möglichen Ergebnisse}}$$

Beispielaufgaben

1. Ein Glücksrad mit vier gleich großen Sektoren wird gedreht.
   Geben Sie die Wahrscheinlichkeitsverteilung für dieses Zufallsexperiment an.

2. Ein zufällig ausgewählter Schüler wird befragt, ob er an einem Werktag oder an einem Wochenende geboren ist.
   a) Stellen Sie den Ergebnisraum so auf, dass es sich um ein Laplace-Experiment handelt.
   b) Bestimmen Sie die Wahrscheinlichkeit, dass der Schüler an einem Wochenende geboren ist.

3. Eine Münze wird zweimal geworfen. Es wird jeweils notiert, ob „Kopf" oder „Zahl" oben liegt.
   a) Geben Sie die Wahrscheinlichkeitsverteilung für dieses Zufallsexperiment an.
   b) Berechnen Sie die Wahrscheinlichkeit dafür, dass bei den beiden Würfen unterschiedliche Seiten oben liegen.
   c) Bestimmen Sie die Wahrscheinlichkeit, dass mindestens einmal „Kopf" angezeigt wird.

Lösung:

1.
Sektor	1	2	3	4
Wahrscheinlichkeit	$\frac{1}{4}$	$\frac{1}{4}$	$\frac{1}{4}$	$\frac{1}{4}$

2. a) $\Omega = \{$Montag; Dienstag; Mittwoch; Donnerstag; Freitag; Samstag; Sonntag$\}$

   b) Für das Ereignis W: „Wochenende" gilt:
   günstige Ergebnisse: $W = \{$Samstag; Sonntag$\}$
   Anzahl aller günstigen Ergebnisse: $|W| = 2$
   Anzahl aller möglichen Ergebnisse: $|\Omega| = 7$

   $$P(\text{Wochenende}) = \frac{|W|}{|\Omega|} = \frac{\text{Anzahl aller günstigen Ergebnisse}}{\text{Anzahl aller möglichen Ergebnisse}}$$
   $$= \frac{2}{7} \approx 0,2857 = 28,57\,\%$$

Wählt man $\Omega = \{$Werktag; Wochenende$\}$ als Ergebnisraum, so sind die Ergebnisse nicht gleich wahrscheinlich. Es handelt sich **nicht** um ein Laplace-Experiment.

3. a) Mit K: „Kopf" und Z: „Zahl" folgt:

Ergebnis	KK	KZ	ZK	ZZ
Wahrscheinlichkeit	$\frac{1}{4}$	$\frac{1}{4}$	$\frac{1}{4}$	$\frac{1}{4}$

b) Für das Ereignis U: „unterschiedliche Seiten" gilt:

günstige Ergebnisse: $U = \{KZ; ZK\}$

Anzahl aller günstigen Ergebnisse: $|U| = 2$

Anzahl aller möglichen Ergebnisse: $|\Omega| = 4$

$$P(\text{unterschiedliche Seiten}) = \frac{|U|}{|\Omega|} = \frac{\text{Anzahl aller günstigen Ergebnisse}}{\text{Anzahl aller möglichen Ergebnisse}} = \frac{2}{4} = \frac{1}{2} = 0,5 = 50\,\%$$

c) Für das Ereignis M: „mindestens einmal Kopf" gilt:

günstige Ergebnisse: $M = \{KK; KZ; ZK\}$

Anzahl aller günstigen Ergebnisse: $|M| = 3$

Anzahl aller möglichen Ergebnisse: $|\Omega| = 4$

$$P(\text{mindestens einmal Kopf}) = \frac{|M|}{|\Omega|} = \frac{\text{Anzahl aller günstigen Ergebnisse}}{\text{Anzahl aller möglichen Ergebnisse}} = \frac{3}{4} = 0,75 = 75\,\%$$

Alternativ:

Es wird das Gegenereignis $\overline{M}$: „keinmal Kopf" betrachtet:

günstige Ergebnisse: $\overline{M} = \{ZZ\}$

Anzahl aller günstigen Ergebnisse: $|\overline{M}| = 1$

Anzahl aller möglichen Ergebnisse: $|\Omega| = 4$

$$P(\text{mindestens einmal Kopf}) = 1 - P(\text{keinmal Kopf}) = 1 - \frac{|M|}{|\Omega|} = 1 - \frac{\text{Anzahl aller günstigen Ergebnisse}}{\text{Anzahl aller möglichen Ergebnisse}}$$

$$= 1 - \frac{1}{4} = \frac{3}{4} = 0,75 = 75\,\%$$

Worauf Sie achten sollten ...

- Würfel, Münzen etc., bei denen jedes Ergebnis mit der gleichen Wahrscheinlichkeit auftritt, werden häufig als **Laplace-Würfel**, **Laplace-Münzen** etc. bezeichnet.
  Auch wenn in einer Aufgabenstellung nicht explizit die Rede davon ist, dass es sich um ein Laplace-Zufallsgerät handelt, können Sie immer davon ausgehen. Andernfalls würde angegeben werden, dass beispielsweise der Würfel oder die Münze gezinkt ist.

- Bei der Betrachtung eines Zufallsexperiments muss man in manchen Fällen aufpassen, wie man den Ergebnisraum aufstellt, damit alle Ergebnisse gleich wahrscheinlich sind.
  [▶ S. 8, *Beispielaufgabe 2*]

- Achten Sie darauf, dass die Formeln für die Laplace-Wahrscheinlichkeit [▶ S. 8, *Begriffe, Schreibweisen und Formeln*] ausschließlich bei Laplace-Experimenten gelten!
  Dies liegt daran, dass bei anderen Experimenten die Wahrscheinlichkeiten der einzelnen Ergebnisse unterschiedlich sein können.

Mehrstufige Zufallsexperimente lassen sich in **Baumdiagrammen** veranschaulichen. Vom Verzweigungspunkt aus werden die möglichen Ergebnisse der jeweiligen Stufe mithilfe von **Ästen** dargestellt.
Als **Pfad** wird ein kompletter Weg von Anfang bis Ende bezeichnet. Aus jedem Pfad kann man ein Ergebnis des Zufallsexperiments ablesen.

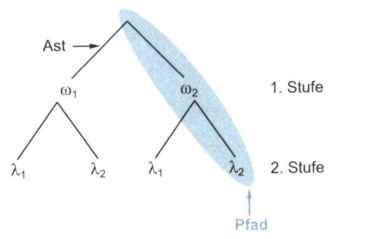

Begriffe, Schreibweisen und Formeln

Wahrscheinlichkeiten im Baumdiagramm
- Die Wahrscheinlichkeit, mit der das jeweilige Ergebnis einer Stufe eintritt, wird **neben den Ast** geschrieben.
- Die Wahrscheinlichkeiten auf den Ästen, die von einem Verzweigungspunkt ausgehen, ergeben in der Summe immer **1**.

Pfadregeln
- **1. Pfadregel:** Die **Wahrscheinlichkeit eines Ergebnisses** des Zufallsexperiments erhält man, indem man die Wahrscheinlichkeiten auf den Ästen des Pfades multipliziert, der zu dem Ergebnis führt.
- **2. Pfadregel:** Um die **Wahrscheinlichkeit eines Ereignisses** zu berechnen, werden die Wahrscheinlichkeiten der Ergebnisse (Pfade) addiert, die zu dem Ereignis gehören.

Beispielaufgaben

1. Drei Freunde besuchen abends einen Club und stehen hintereinander in der Schlange am Eingang. Mit einer Wahrscheinlichkeit von 60 % fragt der Türsteher nach dem Ausweis eines Gastes.
   a) Stellen Sie den Sachverhalt in einem Baumdiagramm dar.
   b) Berechnen Sie die Wahrscheinlichkeit dafür, dass der erste und der zweite Freund nach dem Ausweis gefragt werden, während der dritte nicht gefragt wird.
   c) Bestimmen Sie die Wahrscheinlichkeit, dass genau zwei Freunde nach dem Ausweis gefragt werden.

2. Per Losverfahren werden zwei Schüler einer Klasse ausgewählt, die gemeinsam den Vortrag über ein Klassenprojekt halten müssen. In der Klasse sind 12 Mädchen und 15 Jungen.
   a) Stellen Sie das Losverfahren in einem Baumdiagramm dar.
   b) Berechnen Sie die Wahrscheinlichkeit dafür, dass erst der Name eines Jungen und dann der eines Mädchens gezogen wird.
   c) Bestimmen Sie die Wahrscheinlichkeit, dass mindestens ein Junge den Vortrag halten muss.

Baumdiagramm

Lösung:

1. a) A: Freund wird nach dem Ausweis gefragt
   $\overline{A}$: Freund wird nicht nach dem Ausweis gefragt

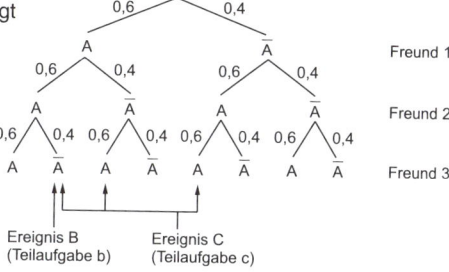

   Freund 1
   Freund 2
   Freund 3

   b) Ereignis B:
   „Nur der erste und der zweite Freund werden nach dem Ausweis gefragt."
   Das gesuchte Ergebnis ist also $A\,A\,\overline{A}$.

   Mit der 1. Pfadregel erhält man:
   $$P(B) = P(A\,A\,\overline{A}) = 0,6 \cdot 0,6 \cdot 0,4$$
   $$= 0,144 = 14,4\,\%$$

   Ereignis B (Teilaufgabe b)
   Ereignis C (Teilaufgabe c)

   c) Ereignis C: „Genau zwei Freunde werden nach dem Ausweis gefragt."
   Das Ereignis C besteht aus den folgenden Ergebnissen: $\overline{A}\,A\,A$; $A\,\overline{A}\,A$; $A\,A\,\overline{A}$

   Mit der 1. und der 2. Pfadregel erhält man:
   $$P(C) = P(\overline{A}\,A\,A) + P(A\,\overline{A}\,A) + P(A\,A\,\overline{A}) = 0,4 \cdot 0,6 \cdot 0,6 + 0,6 \cdot 0,4 \cdot 0,6 + 0,6 \cdot 0,6 \cdot 0,4$$
   $$= 3 \cdot 0,6 \cdot 0,6 \cdot 0,4 = 0,432 = 43,2\,\%$$

2. a) M: Mädchen
   J: Junge

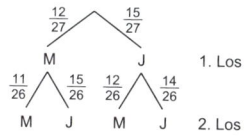

   1. Los
   2. Los

   Da beim zweiten Zug ein Los weniger vorhanden ist, verändern sich die Wahrscheinlichkeiten.

   b) Ereignis A: „Es wird erst ein Junge und dann ein Mädchen gezogen."
   Das gesuchte Ergebnis ist also JM. Mit der 1. Pfadregel erhält man:
   $$P(A) = P(JM) = \frac{15}{27} \cdot \frac{12}{26} = \frac{10}{39} \approx 0,2564 = 25,64\,\%$$

   c) Um das Ereignis B: „mindestens ein Junge" zu berechnen, wird das Gegenereignis $\overline{B}$: „kein Junge" betrachtet. Dieses enthält nur das Ergebnis MM.
   Mit der 1. Pfadregel erhält man:
   $$P(B) = 1 - P(\overline{B}) = 1 - P(MM)$$
   $$= 1 - \frac{12}{27} \cdot \frac{11}{26} = 1 - \frac{22}{117} = \frac{95}{117} \approx 0,8120 = 81,20\,\%$$

Worauf Sie achten sollten ...

- Die **Anzahl der Pfade** zeigt an, wie viele Ergebnisse das Zufallsexperiment enthält. Mit ihnen lässt sich der Ergebnisraum aufstellen.

- In den verschiedenen Stufen können gleiche oder auch unterschiedliche Ergebnisse stehen.

- Baumdiagramme können von oben nach unten oder von links nach rechts gezeichnet werden.

- Ein Baumdiagramm muss nicht immer vollständig gezeichnet werden. Wenn es viele Verzweigungen gibt, reicht es auch, nur den relevanten Teil aufzuzeichnen. Man spricht dann von einem **reduzierten Baumdiagramm**.

- Baumdiagramme finden typischerweise Anwendung in Aufgaben zur **bedingten Wahrscheinlichkeit** und zur **stochastischen Unabhängigkeit**. [▶ S. 14 f.]

Auf einen Blick

Zufallsexperimente lassen sich durch **Urnenmodelle** veranschaulichen. Es befindet sich eine bestimmte Anzahl von Kugeln mit unterschiedlichen Merkmalen in einer Urne, aus der zufällig Kugeln gezogen werden. Man unterscheidet:

Ziehen **mit Zurücklegen**

Zug 1   Zug 2

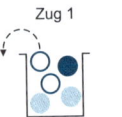   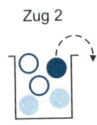

Ziehen **ohne Zurücklegen**

Zug 1   Zug 2

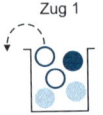   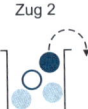

Die **Reihenfolge** der gezogenen Kugeln wird

- beachtet: ○● ≠ ●○
- **nicht** beachtet: ○● = ●○

Begriffe, Schreibweisen und Formeln

Ohne Zurücklegen, mit Beachtung der Reihenfolge
- **Fakultät n!:** Anzahl der Möglichkeiten, n unterschiedliche Kugeln zu ziehen:
  $n! = n \cdot (n-1) \cdot (n-2) \cdot \ldots \cdot 2 \cdot 1$; $n \in \mathbb{N}_0$
- **k-Permutation:** Anzahl der Möglichkeiten, k Kugeln aus insgesamt n unterschiedlichen Kugeln zu ziehen: $\frac{n!}{(n-k)!}$; $n, k \in \mathbb{N}_0$; $k \leq n$

Ohne Zurücklegen, ohne Beachtung der Reihenfolge
- **Binomialkoeffizient** $\binom{n}{k}$: Anzahl der Möglichkeiten, k Kugeln aus insgesamt n Kugeln ohne Beachtung der Reihenfolge zu ziehen: $\binom{n}{k} = \frac{n!}{k! \cdot (n-k)!}$; $n, k \in \mathbb{N}_0$; $k \leq n$

Mit Zurücklegen, mit Beachtung der Reihenfolge
- **k-Tupel:** Anzahl der Möglichkeiten, k Kugeln aus insgesamt n unterschiedlichen Kugeln zu ziehen: n^k; $n, k \in \mathbb{N}_0$; k kann größer, kleiner oder gleich n sein

Wahrscheinlichkeit beim Urnenmodell „ohne Zurücklegen, ohne Beachtung der Reihenfolge"
- In einer Urne befinden sich N Kugeln, von denen K Kugeln ein bestimmtes Merkmal aufweisen. Es werden n Kugeln gezogen. Die Wahrscheinlichkeit, dass **unter diesen n Kugeln k Kugeln** das bestimmte Merkmal haben, ist:

$$P(k) = \frac{\binom{K}{k} \cdot \binom{N-K}{n-k}}{\binom{N}{n}}; \quad n \leq N; k \leq K; K \leq N$$

Beispielaufgaben

1. Mia denkt sich einen Code für ihr Zahlenschloss am Fahrrad aus. Er muss aus 4 Zahlen zwischen 0 und 9 bestehen.
   a) Berechnen Sie die Anzahl der Möglichkeiten, wenn die Ziffern mehrfach vorkommen dürfen.
   b) Berechnen Sie die Anzahl der Möglichkeiten, wenn jede Ziffer nur maximal einmal vorkommen darf.
   c) Bestimmen Sie die Wahrscheinlichkeit, dass der Code aus vier gleichen Zahlen besteht, wenn die Bedingung aus Teilaufgabe a gelten soll.

2. 10 Freunde treffen sich regelmäßig zu einem Stammtisch. Zu einem Treffen erscheinen 6 Freunde.
   Ermitteln Sie die Anzahl der möglichen Konstellationen.

3. Lukas besitzt 4 blaue und 2 schwarze Hosen. Für den Urlaub möchte er 3 Hosen einpacken.
   Berechnen Sie die Wahrscheinlichkeit dafür, dass er nur blaue Hosen einpackt.

Lösung:

1. a) Mit Zurücklegen, mit Beachtung der Reihenfolge:
      $$10^4 = 10\,000$$

   b) Ohne Zurücklegen, mit Beachtung der Reihenfolge:
      $$\frac{10!}{(10-4)!} = \frac{10!}{6!} = 10 \cdot 9 \cdot 8 \cdot 7 = 5\,040$$

   c) Das Ereignis „vier gleiche Ziffern" beinhaltet folgende Ergebnisse: 0000, 1111, …, 9999
      $\Rightarrow$ 10 günstige Ergebnisse
      $$P(\text{vier gleiche Ziffern}) = \frac{10}{10^4} = \frac{1}{10^3} = 0{,}001 = 0{,}1\,\%$$

Laplace-Experiment

$$P = \frac{\text{Anzahl aller günstigen Ergebnisse}}{\text{Anzahl aller möglichen Ergebnisse}}$$

2. Ohne Zurücklegen, ohne Beachtung der Reihenfolge:
   $$\binom{10}{6} = \frac{10!}{6! \cdot (10-6)!} = 210$$

3. Ohne Zurücklegen, ohne Beachtung der Reihenfolge:
   $N = 4 + 2 = 6; K = 4; n = 3; k = 3$
   $$P(\text{3 blaue Hosen}) = \frac{\binom{4}{3} \cdot \binom{2}{0}}{\binom{6}{3}} = \frac{4 \cdot 1}{20} = \frac{1}{5} = 0{,}2 = 20\,\%$$

Worauf Sie achten sollten …

- Die Bestimmung der möglichen Anzahlen unter bestimmten Voraussetzungen wird als **Kombinatorik** bezeichnet.

- Die Formeln auf ▶ S. 12 beruhen auf dem **allgemeinen Zählprinzip**. Dieses besagt, dass es bei einem n-stufigen Zufallsexperiment $k_1 \cdot k_2 \cdot \ldots \cdot k_n$ verschiedene Ergebnisse gibt, falls für die i-te Stufe k_i Möglichkeiten zur Verfügung stehen.

- Zu $\binom{n}{k}$ sagt man „k aus n". Im Taschenrechner wird dies oft mit der Kombination
  [n] $\rightarrow$ [SHIFT] $\rightarrow$ [÷] $\rightarrow$ [k]
  eingegeben bzw. mithilfe der Taste mit der Aufschrift „nCr".

- Wichtige Werte des Binomialkoeffizienten:
  $\binom{n}{0} = 1; \binom{n}{1} = n; \binom{n}{n-1} = n; \binom{n}{n} = 1; \binom{n}{n-k} = \binom{n}{k}$

- Der Fall „ohne Zurücklegen, ohne Beachtung der Reihenfolge" führt auf die **Bernoulli-Kette** bzw. die **Binomialverteilung**. [▶ S. 20 f. bzw. S. 22 f.]

- Der Fall „mit Zurücklegen, ohne Beachtung der Reihenfolge" ist in diesem Heft nicht aufgeführt, da er im Schulunterricht selten eine Rolle spielt.

Auf einen Blick

Die **bedingte Wahrscheinlichkeit $P_B(A)$** ist die Wahrscheinlichkeit für das Ereignis A unter der Bedingung, dass Ereignis B gilt:

$P_B(A) = \dfrac{P(A \cap B)}{P(B)}$ mit $P(B) \neq 0$

Zwei Ereignisse A und B sind **stochastisch unabhängig**, wenn die folgende Gleichung erfüllt ist:

$P(A \cap B) = P(A) \cdot P(B)$

Andernfalls nennt man A und B stochastisch abhängig.

Begriffe, Schreibweisen und Formeln

Veranschaulichung der bedingten Wahrscheinlichkeit im Baumdiagramm

- **Ab der 2. Stufe** stehen im Baumdiagramm auf den Ästen **bedingte Wahrscheinlichkeiten**.

- Die Wahrscheinlichkeit P(B) lässt sich über den **Satz von der totalen Wahrscheinlichkeit** berechnen:

$P(B) = P(A \cap B) + P(\overline{A} \cap B)$
$\quad\quad = P(A) \cdot P_A(B) + P(\overline{A}) \cdot P_{\overline{A}}(B)$

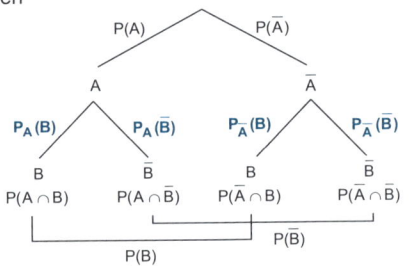

- Die bedingte Wahrscheinlichkeit $P_B(A)$ lässt sich über den **Satz von Bayes** berechnen:

$P_B(A) = \dfrac{P(A) \cdot P_A(B)}{P(A) \cdot P_A(B) + P(\overline{A}) \cdot P_{\overline{A}}(B)}$

Bedingte Wahrscheinlichkeit für stochastisch unabhängige Ereignisse

$P_B(A) = \dfrac{P(A \cap B)}{P(B)} = \dfrac{P(A) \cdot P(B)}{P(B)} = P(A)$

Beispielaufgaben

1. In einer Schulklasse sind 12 Mädchen und 18 Jungen. Die Schülerinnen und Schüler werden befragt, ob sie lieber Schokolade oder Chips essen. 8 Mädchen bevorzugen Schokolade. Von den Jungen essen 10 lieber Chips.
   a) Stellen Sie den Sachverhalt in einem Baumdiagramm dar.
   b) Berechnen Sie die Wahrscheinlichkeit dafür, dass ein befragtes Kind lieber Schokolade isst.
   c) Es ist bekannt, dass ein zufällig ausgewähltes Klassenmitglied lieber Chips isst. Bestimmen Sie die Wahrscheinlichkeit, dass es sich dabei um einen Jungen handelt.
   d) Untersuchen Sie, ob die Ereignisse „Mädchen" und „Schokolade" stochastisch unabhängig sind.

2. Es sind folgende Wahrscheinlichkeiten gegeben: $P(A) = 0,6$; $P(B) = 0,3$; $P(\overline{A} \cap \overline{B}) = 0,3$
   a) Stellen Sie eine Vierfeldertafel auf.
   b) Berechnen Sie $P_B(\overline{A})$.
   c) Untersuchen Sie, ob die Ereignisse A und B stochastisch unabhängig sind.

Lösung:

1. a) M: Mädchen
   J: Junge
   S: Schokolade
   C: Chips

Lassen Sie sich nicht verwirren:
$\overline{J}$ bzw. $\overline{C}$ ist gleichbedeutend mit $\overline{M}$ bzw. $\overline{S}$.

b) $P(S) = P(M \cap S) + P(J \cap S)$

$$= \frac{12}{30} \cdot \frac{8}{12} + \frac{18}{30} \cdot \frac{8}{18} = \frac{4}{15} + \frac{4}{15} = \frac{8}{15}$$

$$\approx 0{,}5333 = 53{,}33\,\%$$

c) $P_C(J) = \dfrac{P(J \cap C)}{P(C)} = \dfrac{P(J) \cdot P_J(C)}{P(M) \cdot P_M(C) + P(J) \cdot P_J(C)} = \dfrac{\frac{18}{30} \cdot \frac{10}{18}}{\frac{12}{30} \cdot \frac{4}{12} + \frac{18}{30} \cdot \frac{10}{18}}$

$$= \frac{\frac{1}{3}}{\frac{2}{15} + \frac{5}{15}} = \frac{1}{3} \cdot \frac{15}{7} = \frac{5}{7} \approx 0{,}7143 = 71{,}43\,\%$$

d) $P(M \cap S) = P(M) \cdot P_M(S) = \dfrac{12}{30} \cdot \dfrac{8}{12} = \dfrac{4}{15}$

$P(M) \cdot P(S) = \dfrac{12}{30} \cdot \dfrac{8}{15} = \dfrac{16}{75}$

$\Rightarrow P(M \cap S) \neq P(M) \cdot P(S)$

$\Rightarrow$ Die Ereignisse „Mädchen" und „Schokolade" sind stochastisch abhängig.

2. a)

	A	$\overline{A}$	
B	0,2	0,1	**0,3**
$\overline{B}$	0,4	**0,3**	0,7
	0,6	0,4	1

Die blau eingetragenen Werte sind gegeben. Die restlichen erhält man durch passende Subtraktionen.

b) $P_B(\overline{A}) = \dfrac{P(\overline{A} \cap B)}{P(B)} = \dfrac{0{,}1}{0{,}3} = \dfrac{1}{3} \approx 0{,}3333 = 33{,}33\,\%$

c) $P(A \cap B) = 0{,}2$

$P(A) \cdot P(B) = 0{,}6 \cdot 0{,}3 = 0{,}18$

$\Rightarrow P(A \cap B) \neq P(A) \cdot P(B)$

$\Rightarrow$ Die Ereignisse A und B sind stochastisch abhängig.

Worauf Sie achten sollten ...

- Bedingte Wahrscheinlichkeiten lassen sich in der Vierfeldertafel nicht direkt eintragen. Jedoch können $P(A \cap B)$ und $P(B)$ direkt aus der Vierfeldertafel abgelesen werden.

- Verwechseln Sie nicht $P_B(A)$ mit $P(A \cap B)$:
  $P_B(A)$ bezeichnet die Wahrscheinlichkeit, dass A eintritt unter der Bedingung, dass B bereits erfüllt ist. $P(A \cap B)$ ist die Wahrscheinlichkeit, dass A und B gleichzeitig eintreten.

- **Stochastisch unabhängig** bedeutet, dass sich die Ereignisse nicht gegenseitig beeinflussen. **Stochastisch unvereinbar** bedeutet, dass nicht beide Ereignisse gleichzeitig eintreten können.

- Für **stochastisch unvereinbare Ereignisse** gilt: $P(A \cup B) = P(A) + P(B)$

- Wenn die Ereignisse A und B stochastisch unabhängig sind, so sind auch die Ereignisse A und $\overline{B}$, $\overline{A}$ und B sowie $\overline{A}$ und $\overline{B}$ stochastisch unabhängig. Dies gilt analog, wenn A und B stochastisch abhängig sind.

Auf einen Blick

Eine **Zufallsgröße Z** ist eine Funktion, die jedem Element der Ergebnismenge eine reelle Zahl zuordnet.

Jedem dieser Werte lässt sich die Wahrscheinlichkeit **P(Z = z)** zuordnen, mit der z eintritt. Diese Zuordnung nennt man **Wahrscheinlichkeitsverteilung der Zufallsgröße Z**.

Begriffe, Schreibweisen und Formeln

Wahrscheinlichkeitsverteilung der Zufallsgröße Z
Die **Summe** aller Wahrscheinlichkeiten der Zufallsgröße Z ergibt **1**.

Darstellung einer Wahrscheinlichkeitsverteilung
Tabelle

$Z = z$	-2	-1	0	1	2	3	4
$P(Z = z)$	0,2	0	0,1	0,4	0,1	0	0,2

Punktdiagramm

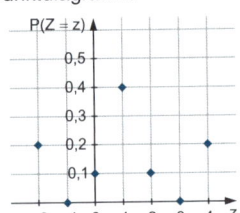

Stabdiagramm

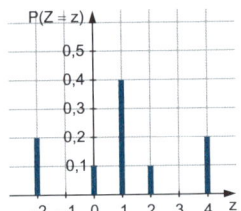

Histogramm

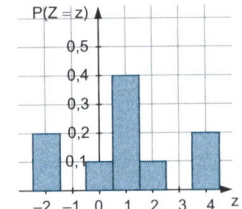

Die Wertepaare werden als **Punkte** eingetragen.
Die y-Koordinate entspricht der Wahrscheinlichkeit.

Die Wertepaare werden als **Stäbe** eingetragen.
Die Länge der Stäbe entspricht jeweils der Wahrscheinlichkeit.

Die Wertepaare werden mit **Rechtecken** veranschaulicht.
Die Breite beträgt 1 und die Höhe entspricht jeweils der Wahrscheinlichkeit.

Zusammenhang: Zufallsgröße – Ereignis
Mehreren Ergebnissen ω_1, ω_2, ..., ω_k kann der gleiche Wert z_0 der Zufallsgröße Z zugeordnet werden. Dann gilt:

$$P(Z = z_0) = P(\omega_1) + P(\omega_2) + ... + P(\omega_k) = P(A)$$

Dabei ist das **Ereignis** $A = \{\omega_1, \omega_2, ..., \omega_k\}$.

Beispielaufgaben

1. Beim Training für das Elfmeterschießen schießt Paul fünfmal auf das Tor. Die Zufallsgröße Z beschreibt die Anzahl der Treffer.
   Geben Sie an, welche Werte die Zufallsgröße Z annehmen kann.

2. Bei einem Glücksspiel wird ein Würfel geworfen. Bei einer 1 oder 2 erhält man keine Auszahlung. Bei einer 3 oder 4 bekommt man 1 Euro. Bei einer 5 erhält man 3 Euro und bei einer 6 sogar 6 Euro. Der Einsatz pro Wurf beträgt 2 Euro.
   a) Stellen Sie den Gewinn des Spielers in einer Tabelle dar und geben Sie die zugehörige Wahrscheinlichkeitsverteilung an.
   b) Stellen Sie die Wahrscheinlichkeitsverteilung in einem Histogramm dar.

Lösung:
1. Paul kann 0-mal, 1-mal, 2-mal, 3-mal, 4-mal oder 5-mal treffen: $Z = \{0; 1; 2; 3; 4; 5\}$

2. a) Die Zufallsgröße Z beschreibt den Gewinn.

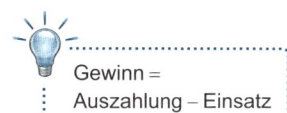

Gewinn = Auszahlung – Einsatz

Würfelwurf	1	2	3	4	5	6
$Z = z$	–2 €	–2 €	–1 €	–1 €	1 €	4 €
$P(Z = z)$	$\frac{1}{6}$	$\frac{1}{6}$	$\frac{1}{6}$	$\frac{1}{6}$	$\frac{1}{6}$	$\frac{1}{6}$

Bezogen auf den Gewinn gilt daher:

$Z = z$	–2 €	–1 €	1 €	4 €
$P(Z = z)$	$\frac{2}{6} = \frac{1}{3}$	$\frac{2}{6} = \frac{1}{3}$	$\frac{1}{6}$	$\frac{1}{6}$

b) Histogramm:

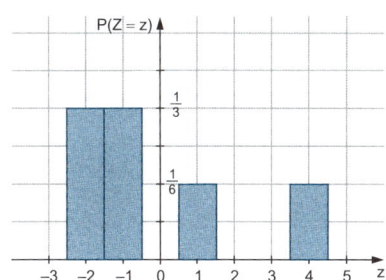

Worauf Sie achten sollten ...

- Zufallsgrößen besitzen häufig auch andere Bezeichnungen, z. B. X oder Y.
- Zufallsgrößen werden auch **Zufallsvariablen** genannt.
- Die Wahrscheinlichkeitsverteilung wird auch als **Wahrscheinlichkeitsfunktion** bezeichnet.
- Es wird zwischen **diskreten** und **stetigen** Wahrscheinlichkeitsverteilungen unterschieden. Diskrete Wahrscheinlichkeitsverteilungen sind nur für bestimmte Werte definiert und können Lücken haben. Stetige Wahrscheinlichkeitsverteilungen sind für alle Werte des Intervalls definiert und weisen keine Lücken auf.
  Beispiel für eine diskrete Wahrscheinlichkeitsverteilung: **Binomialverteilung** [▶ S. 22 f.]
  Beispiel für eine stetige Wahrscheinlichkeitsverteilung: **Normalverteilung** [▶ S. 24 f.]

Auf einen Blick

Für diskrete Zufallsgrößen Z, die nur eine begrenzte Anzahl von Werten z_1, z_2, ..., z_n mit den zugehörigen Wahrscheinlichkeiten p_1, p_2, ..., p_n annehmen, gilt:

Erwartungswert: $E(Z) = \mu = \sum\limits_{i=1}^{n} z_i \cdot p_i = z_1 \cdot p_1 + z_2 \cdot p_2 + ... + z_n \cdot p_n$

Varianz: $Var(Z) = \sum\limits_{i=1}^{n} (z_i - \mu)^2 \cdot p_i = (z_1 - \mu)^2 \cdot p_1 + (z_2 - \mu)^2 \cdot p_2 + ... + (z_n - \mu)^2 \cdot p_n$

Standardabweichung: $\sigma(Z) = \sqrt{Var(Z)}$

Erwartungswert, Varianz und Standardabweichung werden als **Kennzahlen** einer Zufallsgröße bezeichnet.

Begriffe, Schreibweisen und Formeln

Faires Spiel
Die Zufallsgröße Z beschreibt den Gewinn bei einem Spiel. Dieses Spiel heißt **fair**, wenn der **Erwartungswert E(Z) gleich null** ist.

Beispielaufgaben

1. a) Berechnen Sie den Erwartungswert, die Varianz und die Standardabweichung einer Zufallsgröße X, wobei diese die gewürfelte Augenzahl bei einem einmaligen Wurf eines Laplace-Würfels beschreibt.
   b) Bei einem selbst geschnitzten Würfel ist folgende Wahrscheinlichkeitsverteilung gegeben:

Z = z	1	2	3	4	5	6
P(Z = z)	0,2	0,1	0,1	0,2	0,1	0,3

   Berechnen Sie den Erwartungswert, die Varianz und die Standardabweichung.

2. Auf dem Jahrmarkt wird folgendes Glücksspiel angeboten: Aus einer Urne mit 4 blauen, 3 schwarzen, 2 weißen und 1 gelben Kugel wird eine Kugel gezogen. Der Einsatz für das Spiel beträgt 2 Euro. Bei blauen Kugeln wird nichts ausbezahlt, bei schwarzen Kugeln 1 Euro, bei weißen Kugeln 3 Euro und bei der gelben Kugel 10 Euro.
   a) Beurteilen Sie, ob es sich um ein faires Spiel handelt.
   b) Berechnen Sie die Wahrscheinlichkeit, dass der Gewinn um weniger als 2 vom Erwartungswert abweicht.
   c) Bestimmen Sie, wie hoch die Auszahlung bei der gelben Kugel sein müsste, damit das Spiel fair ist.

Lösung:
1. a) Bei einem Laplace-Würfel haben alle Augenzahlen 1 bis 6 die Wahrscheinlichkeit $\frac{1}{6}$.
   Erwartungswert: $E(X) = \frac{1}{6} \cdot (1 + 2 + 3 + 4 + 5 + 6) = \frac{1}{6} \cdot 21 = 3,5$

   Varianz:
   $Var(X) = \frac{1}{6} \cdot \left[(1 - 3,5)^2 + (2 - 3,5)^2 + (3 - 3,5)^2 + (4 - 3,5)^2 + (5 - 3,5)^2 + (6 - 3,5)^2 \right] \approx 2,92$

   Standardabweichung: $\sigma(X) = \sqrt{Var(X)} \approx \sqrt{2,92} \approx 1,71$

b) Erwartungswert:
$$E(Z) = 1 \cdot 0{,}2 + 2 \cdot 0{,}1 + 3 \cdot 0{,}1 + 4 \cdot 0{,}2 + 5 \cdot 0{,}1 + 6 \cdot 0{,}3 = 3{,}8$$

Varianz:
$$Var(Z) = (1 - 3{,}8)^2 \cdot 0{,}2 + (2 - 3{,}8)^2 \cdot 0{,}1 + (3 - 3{,}8)^2 \cdot 0{,}1$$
$$+ (4 - 3{,}8)^2 \cdot 0{,}2 + (5 - 3{,}8)^2 \cdot 0{,}1 + (6 - 3{,}8)^2 \cdot 0{,}3$$
$$= 3{,}56$$

Die Varianz ist so hoch, weil die Werte mit der größten Abweichung vom Erwartungswert mit einer hohen Wahrscheinlichkeit eintreten.

Standardabweichung:
$$\sigma(Z) = \sqrt{3{,}56} \approx 1{,}89$$

2. a) Wahrscheinlichkeitsverteilung für den Gewinn:

Kugel	blau	schwarz	weiß	gelb
$Z = z$	–2 €	–1 €	1 €	8 €
$P(Z = z)$	$\frac{4}{10}$	$\frac{3}{10}$	$\frac{2}{10}$	$\frac{1}{10}$

Die relativen Häufigkeiten können hier als Wahrscheinlichkeiten angenommen werden.

Erwartungswert:
$$E(Z) = -2 \cdot \frac{4}{10} + (-1) \cdot \frac{3}{10} + 1 \cdot \frac{2}{10} + 8 \cdot \frac{1}{10} = -\frac{1}{10} = -0{,}1$$

Da der Erwartungswert negativ ist, ist das Spiel nicht fair.

b) Das relevante Intervall ist: $]{-}2{,}1; \, 1{,}9[$

Damit gilt:
$$P(\mu - 2 < Z < \mu + 2) = P(-2{,}1 < Z < 1{,}9) = P(Z = -2) + P(Z = -1) + P(Z = 1) = \frac{4}{10} + \frac{3}{10} + \frac{2}{10} = \frac{9}{10}$$

c) Es sei x die Höhe des Gewinns, wenn die gelbe Kugel gezogen wird. Es muss gelten:
$$E(Z) = 0$$
$$-2 \cdot \frac{4}{10} + (-1) \cdot \frac{3}{10} + 1 \cdot \frac{2}{10} + x \cdot \frac{1}{10} = 0$$
$$-\frac{9}{10} + x \cdot \frac{1}{10} = 0$$
$$x \cdot \frac{1}{10} = \frac{9}{10} \quad \Leftrightarrow \quad x = 9$$

Da vom Gewinn der Einsatz bereits abgezogen wurde, müssen zum Gewinn 2 Euro addiert werden, um die Auszahlung zu erhalten. Es müssten bei der gelben Kugel daher 11 Euro ausbezahlt werden, damit das Spiel fair ist.

Worauf Sie achten sollten ...

- Der Erwartungswert entspricht nicht zwingend einem möglichen Ergebnis.
  Beispiel: Laplace-Würfel; $E(X) = 3{,}5$ [▶ S. 18, *Beispielaufgabe 1 a*]
- Der **Mittelwert** beschreibt das arithmetische Mittel einer durchgeführten Versuchsreihe. Der **Erwartungswert** hingegen gibt an, welchen Wert man **auf lange Sicht erwarten** kann.
- Die Varianz gibt die **Streuung um den Erwartungswert** an. Durch das Quadrat fallen große Abweichungen vom Erwartungswert sehr viel stärker ins Gewicht als kleinere. Zudem stimmt die Einheit der betrachteten Größe nicht mehr mit der Zufallsgröße überein, da diese ebenfalls quadriert wurde. Um dies auszugleichen, wurde die Standardabweichung definiert.
- Manchmal interessiert man sich dafür, mit welcher Wahrscheinlichkeit man ein Ergebnis erhält, das in einem bestimmten (meistens symmetrischen) Intervall um den Erwartungswert liegt. Man schreibt hierfür **$P(|X - \mu| < c)$** oder **$P(\mu - c < X < \mu + c)$**.

Ein **Bernoulli-Experiment** ist ein Zufallsexperiment, bei dem es genau **zwei mögliche Ausgänge** gibt:

$\Omega = \{A; \overline{A}\} = \{\text{Treffer}; \text{Niete}\}$

Die Wahrscheinlichkeit p, mit der der
Ausgang A eintritt, heißt **Trefferwahrscheinlichkeit**.

Wird ein Bernoulli-Experiment n-mal unabhängig voneinander wiederholt und ändert
sich die Trefferwahrscheinlichkeit p nicht, so
nennt man dies eine **Bernoulli-Kette der
Länge n mit dem Parameter p.**

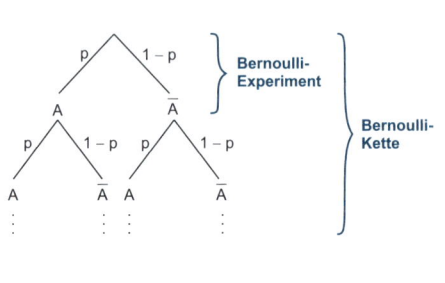

Berechnung der Wahrscheinlichkeiten mithilfe eines Baumdiagramms
* Die Stufen der Bernoulli-Kette können im Baumdiagramm dargestellt werden.
* Ist nach der Wahrscheinlichkeit gefragt, dass ein Ausgang genau k-mal eintritt, muss die
  Anzahl der Pfade gezählt werden, welche diese Bedingung erfüllen. Diese Anzahl muss mit
  $p^k \cdot (1 - p)^{n-k}$ multipliziert werden.

Wahrscheinlichkeit und Gegenwahrscheinlichkeit
Für die **Gegenwahrscheinlichkeit** q gilt: $q = 1 - p$

1. Begründen Sie jeweils, ob es sich um eine Bernoulli-Kette handelt. Falls ja, geben Sie auch
   die Trefferwahrscheinlichkeit p an.
   a) 10-faches Werfen einer Münze
   b) 5-maliges Werfen eines Würfels
   c) 2-maliges Ziehen ohne Zurücklegen einer Kugel aus einer Urne mit 4 schwarzen und
      3 weißen Kugeln
   d) 3-maliges Drehen eines Glücksrades mit zwei Sektoren, bei dem der eine Sektor 4-mal
      so groß ist wie der andere

2. Eine Münze wird 3-mal geworfen.
   a) Stellen Sie den Sachverhalt in einem Baumdiagramm dar.
   b) Bestimmen Sie die Wahrscheinlichkeit, dass erst „Kopf", dann „Zahl" und dann wieder
      „Kopf" geworfen wird.
   c) Berechnen Sie die Wahrscheinlichkeit, dass genau 2-mal „Kopf" geworfen wird.

Lösung:

1. a) Es handelt sich um eine Bernoulli-Kette, da es bei jedem Wurf nur zwei mögliche Ergebnisse gibt und die Trefferwahrscheinlichkeit bei jedem Versuch gleich bleibt ($p = 0{,}5$).

   b) Es liegt keine Bernoulli-Kette vor, da es sechs verschiedene Ergebnisse gibt.

   c) Es ist keine Bernoulli-Kette, da sich beim zweiten Durchgang des Zufallsexperiments die Trefferwahrscheinlichkeit p ändert.

   d) Es liegt eine Bernoulli-Kette vor, da es bei jedem Drehen nur zwei mögliche Ergebnisse gibt und die Trefferwahrscheinlichkeit bei jedem Versuch gleich bleibt ($p = 0{,}2$ oder $p = 0{,}8$).

2. a) K: „Kopf"
      Z: „Zahl"

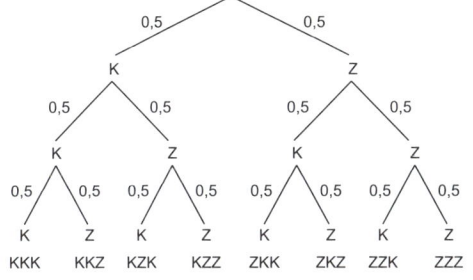

   b) $P(KZK) = 0{,}5 \cdot 0{,}5 \cdot 0{,}5 = 0{,}125 = 12{,}5\,\%$

   c) $P(2\text{-mal „Kopf"}) = P(KKZ) + P(KZK) + P(ZKK)$
      $= 3 \cdot 0{,}5 \cdot 0{,}5 \cdot 0{,}5 = 3 \cdot 0{,}125$
      $= 0{,}375 = 37{,}5\,\%$

> **1. Pfadregel**
> Die Wahrscheinlichkeiten entlang eines Pfades werden multipliziert.

Worauf Sie achten sollten ...

- Bei Bernoulli-Ketten handelt es sich immer um Zufallsexperimente **mit Zurücklegen**, da die Trefferwahrscheinlichkeit konstant bleiben muss.

- Wenn es bei einer Bernoulli-Kette **k Treffer** gibt, treten **n – k Nicht-Treffer** (bzw. Nieten) auf. Dieser Umstand kann genutzt werden, um die Wahrscheinlichkeit über das Gegenereignis zu bestimmen.

- Die Anzahl der Pfade, die bei einer Bernoulli-Kette der Länge n genau k-mal einen bestimmten Ausgang (ohne Beachtung der Reihenfolge) enthalten, kann mithilfe des **Binomialkoeffizienten** $\binom{n}{k}$ berechnet werden.

   Die Wahrscheinlichkeit für genau k Treffer wird dann folgendermaßen ermittelt:

   $P(Z = k) = \binom{n}{k} \cdot p^k \cdot (1-p)^{n-k}$

   Dies ist die Formel für die **Binomialverteilung**. [▶ S. 22 f.]

- Auch wenn z. B. in einer Urne Kugeln mit mehreren Farben liegen und es sich dann nicht um ein Bernoulli-Experiment handelt, kann man daraus ein Bernoulli-Experiment machen, falls man sich nur für eine bestimmte Farbe interessiert. Dann werden alle andersfarbigen Kugeln zu den Nicht-Treffern zusammengefasst.

Für eine **Bernoulli-Kette** der Länge n mit dem Parameter p, bei der die Anzahl der Treffer durch die Zufallsgröße Z beschrieben wird, gilt für die Wahrscheinlichkeit, dass **genau k Treffer** eintreten:

$$B(n; p; k) = P(Z = k) = \binom{n}{k} \cdot p^k \cdot (1-p)^{n-k}; \quad k \in \{0; 1; 2; \dots; n\}$$

Eine Wahrscheinlichkeitsverteilung, die durch diese Formel beschrieben werden kann, nennt man **Binomialverteilung**.

Einfluss von n und p auf das Histogramm einer Binomialverteilung
- gleichbleibendes n, Veränderung von p

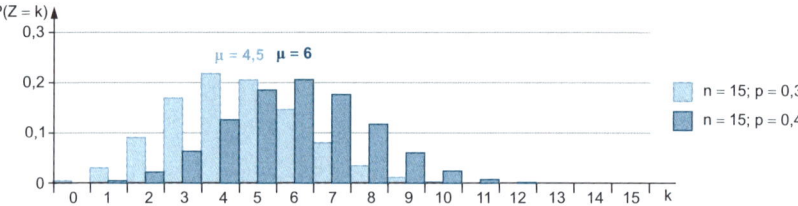

Je größer p wird, desto weiter wandert das Maximum nach rechts.

- gleichbleibendes p, Veränderung von n

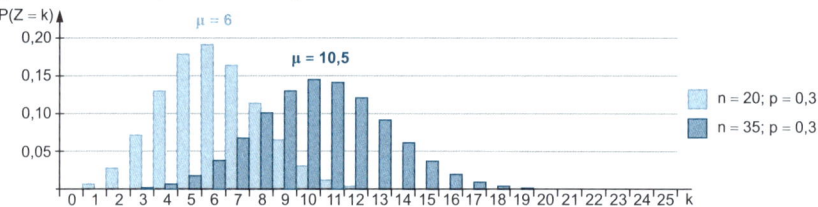

Je größer n wird, desto kleiner wird das Maximum und desto weiter wandert es nach rechts. Die Säulen werden generell niedriger und die einhüllende Kurve des Histogramms wird breiter.

Kumulative Binomialverteilung
Für eine binomialverteilte Zufallsgröße Z gilt für die Wahrscheinlichkeit, dass **höchstens k Treffer** eintreten:

$$F(n; p; k) = P(Z \leq k) = \sum_{i=0}^{k} B(n; p; i) = B(n; p; 0) + B(n; p; 1) + \dots + B(n; p; k)$$

Kennzahlen einer binomialverteilten Zufallsgröße Z mit n und p
- **Erwartungswert:** $E(Z) = n \cdot p$
- **Varianz:** $Var(Z) = n \cdot p \cdot (1-p)$
- **Standardabweichung:** $\sigma(Z) = \sqrt{Var(Z)} = \sqrt{n \cdot p \cdot (1-p)}$

Beispielaufgaben

In einem Sportverein gehen 25 % der Mitglieder zum Fußball. Es werden 20 Mitglieder des Sportvereins befragt.

a) Berechnen Sie die Wahrscheinlichkeit, dass genau 5 Mitglieder zum Fußball gehen.
b) Bestimmen Sie die Wahrscheinlichkeit, dass mindestens 2 und höchstens 9 Mitglieder zum Fußball gehen.
c) Berechnen Sie Erwartungswert, Varianz und Standardabweichung.

Lösung:

a) Binomialverteilung mit $n = 20$ und $p = 0,25$
Ohne Verwendung der Stochastiktabelle:

$$P(Z = 5) = \binom{20}{5} \cdot 0,25^5 \cdot (1 - 0,25)^{20-5}$$

$$= \binom{20}{5} \cdot 0,25^5 \cdot 0,75^{15} \approx 0,2023$$

$$= 20,23\,\%$$

Mit Verwendung der Stochastiktabelle:

$$P(Z = 5) = 0,2023 = 20,23\,\%$$

> **Stochastiktabelle**
> Suchen Sie die Tabellen für $n = 20$ und $p = 0,25$.
> Achten Sie darauf, bei Teilaufgabe a die Tabelle der Binomialverteilung und bei Teilaufgabe b die der kumulativen Binomialverteilung zu verwenden.

b) Kumulative Binomialverteilung mit $n = 20$ und $p = 0,25$
Ohne Verwendung der Stochastiktabelle wäre die Berechnung sehr arbeitsintensiv. Daher wird sofort die Tabelle verwendet:

$$P(2 \leq Z \leq 9) = P(Z \leq 9) - P(Z \leq 1) = 0,9861 - 0,0243 = 0,9618 = 96,18\,\%$$

c) Erwartungswert: $E(Z) = n \cdot p = 20 \cdot 0,25 = 5$
Varianz: $Var(Z) = n \cdot p \cdot (1 - p) = 20 \cdot 0,25 \cdot 0,75 = 3,75$
Standardabweichung: $\sigma(Z) = \sqrt{Var(Z)} = \sqrt{3,75} \approx 1,94$

Worauf Sie achten sollten ...

- Die Werte für die Binomialverteilung und die kumulative Binomialverteilung können für bestimmte Werte von n und p aus **Stochastiktabellen** (z. B. „Tafelwerk") abgelesen werden. [▶ S. 32 ff.]

- In Prüfungen und Tests werden benötigte Tabellen entweder im Anhang mitgeliefert oder die Benutzung eines Bandes, welcher die Tabellen enthält, ist erlaubt.

- Statt B(n; p; k) kann auch $B_p^n(k)$ geschrieben werden. Analog gibt es bei der kumulativen Binomialverteilung statt F(n; p; k) auch $F_p^n(k)$ als Schreibweise.

- Mithilfe der kumulativen Binomialverteilung können für alle möglichen Bereiche die Wahrscheinlichkeiten berechnet werden, z. B.:
  $$P(Z < k) = P(Z \leq k - 1) = F(n; p; k - 1)$$
  $$P(a \leq Z \leq b) = P(Z \leq b) - P(Z \leq a - 1) = F(n; p; b) - F(n; p; a - 1)$$

- Auch wenn der Erwartungswert keine ganze Zahl sein muss und daher nicht unbedingt einem möglichen Treffer entspricht, so liegen um den Erwartungswert herum die Treffer mit der größten Wahrscheinlichkeit.

Eine Zufallsgröße X ist **normalverteilt mit den Parametern μ und σ**, wenn für ihre Verteilungsfunktion F gilt:

$$F(x) = \frac{1}{\sqrt{2 \cdot \pi} \cdot \sigma} \cdot \int_{-\infty}^{x} e^{-\frac{(t-\mu)^2}{2\sigma^2}} dt$$

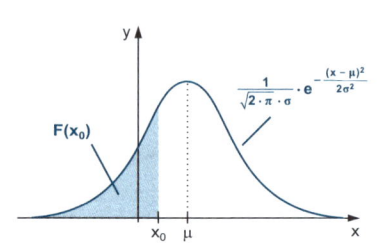

Für normalverteilte Zufallsgrößen lassen sich nur **Bereichswahrscheinlichkeiten** angeben, also keine Wahrscheinlichkeiten für diskrete Werte.

Gauß'sche Glockenkurve
Jeder Normalverteilung liegen die Gauß-Funktion und deren Graph, die **Gauß'sche Glockenkurve**, zugrunde:

$$\varphi: \ x \to \varphi(x) = \frac{1}{\sqrt{2 \cdot \pi}} \cdot e^{-\frac{1}{2}x^2}$$

Eigenschaften:
- symmetrisch zur y-Achse
- Asymptote: x-Achse
- ein Hochpunkt, zwei Wendepunkte

Gauß'sche Summenfunktion
- Die **Gauß'sche Summenfunktion** gibt die Fläche unter der Gauß'schen Glockenkurve an:

$$\Phi(x) = \int_{-\infty}^{x} \varphi(t) \, dt = \frac{1}{\sqrt{2 \cdot \pi}} \cdot \int_{-\infty}^{x} e^{-\frac{1}{2}t^2} \, dt$$

- Für die **gesamte Fläche** unter der Gauß'schen Glockenkurve gilt:

$$\int_{-\infty}^{\infty} \varphi(t) \, dt = 1$$

- Aufgrund der Symmetrie der Gauß'schen Glockenkurve gilt für **negative Werte**:
  $\Phi(-x) = 1 - \Phi(x)$

Eigenschaften der Normalverteilung
- Zusammenhang mit Gauß'scher Summenfunktion:

$$F(x) = \frac{1}{\sqrt{2 \cdot \pi} \cdot \sigma} \cdot \int_{-\infty}^{x} e^{-\frac{(t-\mu)^2}{2\sigma^2}} dt = \Phi\left(\frac{x-\mu}{\sigma}\right)$$

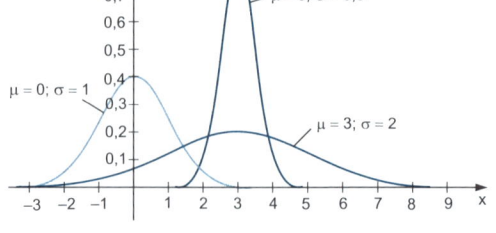

- Erwartungswert: $E(X) = \mu$
- Standardabweichung: $\sigma(X) = \sigma$
- Für eine normalverteilte Zufallsgröße X mit den Parametern μ und σ gilt:

$$P(X \le x) = \Phi\left(\frac{x-\mu}{\sigma}\right)$$

$$P(a \le X \le b) = \Phi\left(\frac{b-\mu}{\sigma}\right) - \Phi\left(\frac{a-\mu}{\sigma}\right)$$

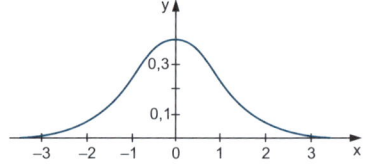

Die Zufallsgröße X ist normalverteilt mit $\mu = 20$ und $\sigma = 2$.

a) Bestimmen Sie $P(18 \leq X \leq 22)$.

b) Ermitteln Sie das Intervall symmetrisch um den Erwartungswert, in dem mit einer Wahrscheinlichkeit von 95 % die Zufallsgröße liegt.

Lösung:

a) $P(18 \leq X \leq 22) = \Phi\left(\dfrac{22-20}{2}\right) - \Phi\left(\dfrac{18-20}{2}\right)$

$\qquad = \Phi(1) - \Phi(-1) = \Phi(1) - (1 - \Phi(1))$

$\qquad = \Phi(1) - 1 + \Phi(1) = 2\Phi(1) - 1$

$\qquad = 2 \cdot 0{,}84134 - 1 = 0{,}68268$

$\qquad = 68{,}268\ \%$

> Der Wert für $\Phi(1)$ könnte mithilfe der Gauß'schen Glockenkurve berechnet werden. In der Praxis verwendet man jedoch Stochastiktabellen.

b) Gesucht ist ein k, für das die folgende Gleichung gilt:

$P(20 - k \leq X \leq 20 + k) = 0{,}95$

$$\Phi\left(\frac{20+k-20}{2}\right) - \Phi\left(\frac{20-k-20}{2}\right) = 0{,}95$$

$$\Phi\left(\frac{k}{2}\right) - \Phi\left(-\frac{k}{2}\right) = 0{,}95$$

$$\Phi\left(\frac{k}{2}\right) - \left(1 - \Phi\left(\frac{k}{2}\right)\right) = 0{,}95$$

$$2\Phi\left(\frac{k}{2}\right) = 1{,}95$$

$$\Phi\left(\frac{k}{2}\right) = 0{,}975$$

Aus der Stochastiktabelle wird der x-Wert abgelesen, für den $\Phi(x) = 0{,}975$ gilt.

$\frac{k}{2} = 1{,}96 \quad \Leftrightarrow \quad k = 3{,}92$

Die Zufallsgröße liegt mit einer Wahrscheinlichkeit von 95 % in folgendem Intervall:

$[20 - 3{,}92;\ 20 + 3{,}92] = [16{,}08;\ 23{,}92]$

- Die Normalverteilung beschreibt eine **stetige Zufallsgröße**. Sie nimmt alle Werte in einem Intervall an. Bei diskreten Zufallsgrößen (z. B. binomialverteilten Zufallsgrößen) werden nur endlich viele Werte in diesem Intervall angenommen. [▶ S. 16 f.]

- Im Zusammenhang mit normalverteilten Zufallsgrößen ist immer nach der Wahrscheinlichkeit gefragt, dass die Zufallsgröße in einem bestimmten Intervall liegt.

- Die Funktion, durch deren Graphen die Normalverteilung illustriert wird, heißt **Dichtefunktion f(x)**. Die Funktion, die mit der Fläche unter dem Graphen der Dichtefunktion zusammenhängt, nennt man **Verteilungsfunktion F(x)**. [▶ S. 24, *Auf einen Blick*] Nur mithilfe der Verteilungsfunktion können Wahrscheinlichkeiten bestimmt werden!

- Die Dichtefunktion einer normalverteilten Zufallsgröße mit den Parametern $\mu = 0$ und $\sigma = 1$ ist die Gauß'sche Glockenfunktion. Die dazugehörige Verteilung wird als **Standardnormalverteilung** bezeichnet.

- Die Funktionswerte $\Phi(x)$ der **Standardnormalverteilung** können aus **Stochastiktabellen** entnommen werden. [▶ S. 34]

Auf einen Blick

Mithilfe der Gauß-Funktion kann man für große n
**Näherungswerte für Funktionswerte der
Binomialverteilung** bestimmen.

Für binomialverteilte Zufallsgrößen Z mit n und p gilt:
Lokale Näherungsformel von **Moivre-Laplace**:

$$P(k) \approx \frac{1}{\sigma(Z)} \cdot \varphi\left(\frac{k-\mu}{\sigma(Z)}\right)$$

Globale Näherungsformel von **Moivre-Laplace**:

$$P(a \leq Z \leq b) \approx \Phi\left(\frac{b-n \cdot p + 0{,}5}{\sigma(Z)}\right) - \Phi\left(\frac{a-n \cdot p - 0{,}5}{\sigma(Z)}\right)$$

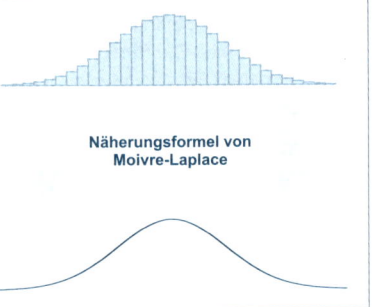

Näherungsformel von
Moivre-Laplace

Begriffe, Schreibweisen und Formeln

Anwendbarkeit
Die Näherung darf angewendet werden, wenn $\sigma(Z) > 3$ gilt.

Grafische Darstellung

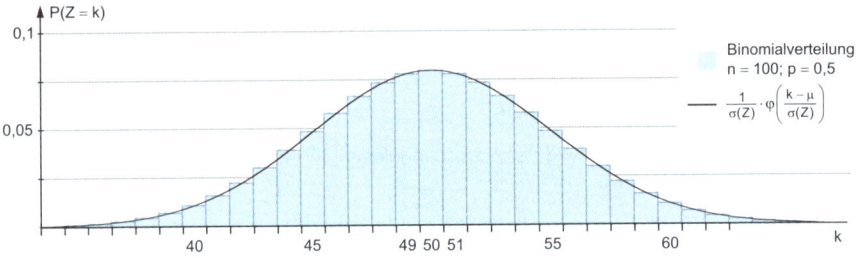

Binomialverteilung
n = 100; p = 0,5

$$\frac{1}{\sigma(Z)} \cdot \varphi\left(\frac{k-\mu}{\sigma(Z)}\right)$$

Beispielaufgaben

1. Berechnen Sie die Wahrscheinlichkeit jeweils genau und mithilfe der Näherungsformel von
   Moivre-Laplace. Vergleichen Sie die Werte und beurteilen Sie das Ergebnis.
   a) Z sei binomialverteilt mit n = 10 und p = 0,1: $P(3 \leq Z \leq 8)$
   b) Z sei binomialverteilt mit n = 100 und p = 0,3: $P(27 \leq Z \leq 40)$

2. Ein Marktforschungsinstitut geht davon aus, dass 44 % der Bevölkerung in Deutschland
   Single-Haushalte sind. Dies soll anhand einer Studie näher untersucht werden.
   Bestimmen Sie, wie groß die Stichprobe der befragten Personen mindestens sein muss, um
   die Näherungsformel von Moivre-Laplace anwenden zu können.

3. Bei einer Tombola gewinnt man mit einer Wahrscheinlichkeit von 11 %.
   Berechnen Sie die Wahrscheinlichkeit, dass es unter 120 Spielern mindestens 20 Gewinner
   gibt.

Lösung:

1. a) Unter Verwendung der Tabelle der kumulativen Binomialverteilung erhält man:

   $P(3 \leq Z \leq 8) = P(Z \leq 8) - P(Z \leq 2) = 1,000 - 0,9298 = 0,0702$

   Unter Verwendung der Näherungsformeln von Moivre-Laplace errechnet sich:

   $\mu = n \cdot p = 10 \cdot 0,1 = 1$

   $\sigma(Z) = \sqrt{10 \cdot 0,1 \cdot 0,9} = \sqrt{0,9} \approx 0,95$

   $P(3 \leq Z \leq 8) \approx \Phi\left(\frac{8-1+0,5}{0,95}\right) - \Phi\left(\frac{3-1-0,5}{0,95}\right) \approx \Phi(7,89) - \Phi(1,58) = 1,0000 - 0,9429 = 0,0571$

   Die beiden Werte unterscheiden sich relativ stark. Das liegt daran, dass die Bedingung $\sigma(Z) > 3$ nicht erfüllt ist.

   b) Unter Verwendung der Tabelle der kumulativen Binomialverteilung erhält man:

   $P(27 \leq Z \leq 40) = P(Z \leq 40) - P(Z \leq 26) = 0,9875 - 0,2244 = 0,7631$

   Unter Verwendung der Näherungsformeln von Moivre-Laplace errechnet sich:

   $\mu = n \cdot p = 100 \cdot 0,3 = 30$

   $\sigma(Z) = \sqrt{100 \cdot 0,3 \cdot 0,7} = \sqrt{21} \approx 4,58$

   $P(27 \leq Z \leq 40) \approx \Phi\left(\frac{40-30+0,5}{4,58}\right) - \Phi\left(\frac{27-30-0,5}{4,58}\right) \approx \Phi(2,29) - \Phi(-0,76)$

   $= 0,9890 - (1 - 0,7764) = 0,7654$

   Die beiden Werte unterscheiden sich erst in der dritten Nachkommastelle. Die Näherung ist akzeptabel.

2. Die Näherung darf angewendet werden, wenn $\sigma(Z) > 3$ erfüllt ist:

   $\sigma(Z) = \sqrt{n \cdot p \cdot (1-p)} = \sqrt{n \cdot 0,44 \cdot 0,56} = \sqrt{n \cdot 0,2464} > 3$

   $n \cdot 0,2464 > 9$

   $n > 36,5259\ldots$

   Es müssen mindestens 37 Personen befragt werden.

3. Da es für $n = 120$ und $p = 0,11$ normalerweise keine Tabelle gibt, wird für die Berechnung die Näherungsformel von Moivre-Laplace verwendet.

   Bei „**mindestens**"-Aufgaben geht man häufig zum Gegenereignis über.

   $\mu = n \cdot p = 120 \cdot 0,11 = 13,2$

   $\sigma(Z) = \sqrt{120 \cdot 0,11 \cdot 0,89} = \sqrt{11,748} \approx 3,43 > 3$

   $P(Z \geq 20) = 1 - P(Z \leq 19) \approx 1 - \Phi\left(\frac{19-13,2+0,5}{3,43}\right) \approx 1 - \Phi(1,84)$

   $= 1 - 0,9671 = 0,0329 = 3,29\,\%$

Worauf Sie achten sollten ...

- Bei $\pm 0,5$ in der globalen Näherungsformel handelt es sich um die **Stetigkeitskorrektur**. Sie ist ein Erfahrungswert, durch den sich die Näherung meistens verbessert.

- Die Stetigkeitskorrektur wird nur eingefügt, wenn es sich um eine Näherung der Binomialverteilung handelt. Bei normalverteilten Zufallsgrößen wird sie nicht verwendet.

- Die Näherung wird dann verwendet, wenn die Berechnung zu aufwendig wäre und es keine passende Tabelle für n und p gibt. [▶ *Beispielaufgabe 3*]

Bei Hypothesentests möchte man eine **Aussage über die zugrunde liegende Wahrschein-lichkeit** treffen, da diese nicht bekannt ist.

Die **Nullhypothese H_0** stellt eine Vermutung über die vorliegende Wahrscheinlichkeit auf. Anhand einer **Stichprobe** wird sie angenommen oder abgelehnt.

Man unterscheidet:

Linksseitiger Hypothesentest: H_0: $p \geq p_0$ **Rechtsseitiger** Hypothesentest: H_0: $p \leq p_0$

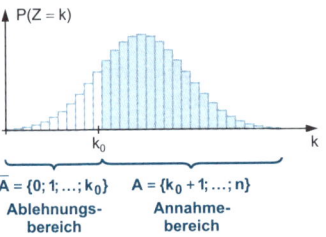

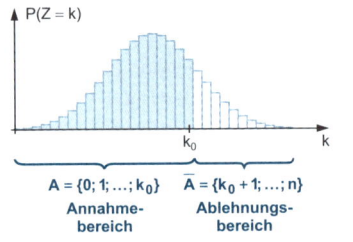

Nullhypothese und Gegenhypothese
- Die gegenteilige Hypothese wird als **Gegenhypothese H_1** bezeichnet.
- Getestet wird grundsätzlich die Nullhypothese.

Entscheidungsregel
- Ziel des Hypothesentests ist es, anhand einer **Stichprobe der Größe n** auf die Grund-gesamtheit zu schließen und dadurch die **Nullhypothese zu verwerfen oder anzunehmen**.
- Dafür legt man einen **Annahmebereich A** und einen **Ablehnungsbereich $\overline{A}$** fest.
- Liegt das Ergebnis der Stichprobe im Annahmebereich A, so wird die Nullhypothese als wahr angenommen. Liegt das Ergebnis der Stichprobe im Ablehnungsbereich $\overline{A}$, so wird die Nullhypothese verworfen und die Gegenhypothese als wahr angenommen.

Fehler 1. Art und Fehler 2. Art
- Mögliche Fehler, die bei der Entscheidung gemacht werden können:

		Testergebnis	
		H_0 wird angenommen	H_0 wird verworfen
Tatsächlich gilt	H_0 ist wahr	Richtige Entscheidung	**Fehler 1. Art**
	H_0 ist falsch	**Fehler 2. Art**	Richtige Entscheidung

- Fehler 1. Art: H_0 ist wahr, wird aber fälschlicherweise verworfen.
- Fehler 2. Art: H_0 ist falsch, wird aber fälschlicherweise angenommen.

Signifikanztest
- Für den Fehler 1. Art wird eine obere Grenze gewählt, die nicht überschritten werden darf. Diese Grenze wird als **Signifikanzniveau α** bezeichnet.
- Ein solcher Hypothesentest wird auch (rechts- bzw. linksseitiger) **Signifikanztest** genannt.

Beispielaufgaben

1. Ein Hersteller für Fruchtgummis gibt an, dass in seinen Verpackungen mindestens 40 % rote Fruchtgummis enthalten sind. Dies soll auf einem Signifikanzniveau von 5 % bei einer Stichprobe von $n = 50$ untersucht werden.
   a) Stellen Sie eine Entscheidungsregel für den Signifikanztest auf.
   b) Tatsächlich befinden sich in den Packungen nur 20 % rote Fruchtgummis.
      Berechnen Sie den Fehler 2. Art.

2. Ermitteln Sie für H_0: $p \leq 0,1$; $n = 200$ und $\alpha = 0,01$ den Ablehnungsbereich.

Lösung:

1. a) Es handelt sich um einen linksseitigen Signifikanztest:
      H_0: $p \geq 0,4$; $\overline{A} = \{0; 1; \ldots; k_0\}$; $n = 50$
      Der Fehler 1. Art soll maximal 5 % betragen. Einen Fehler 1. Art begeht man, wenn die Nullhypothese zutrifft, das Ergebnis aber im Ablehnungsbereich liegt. Daher muss folgende Ungleichung erfüllt sein:
      $$P(Z \leq k_0) = F(50; 0,4; k_0) \leq 0,05$$

      Mithilfe der Stochastiktabelle erhält man:
      $F(50; 0,4; 13) = 0,0280 < 0,05$
      $F(50; 0,4; 14) = 0,0540 > 0,05$

      Für $k = 14$ wird die Ungleichung nicht mehr erfüllt.
      Daher ist $k_0 = 13$.
      Ablehnungsbereich: $\overline{A} = \{0; 1; \ldots; 13\}$ Annahmebereich: $A = \{14; 15; \ldots; 50\}$

      > Es wird der größte Wert von k gesucht, der die Ungleichung gerade noch erfüllt.

   b) Der Fehler 2. Art ist die Wahrscheinlichkeit, dass das Ergebnis im Annahmebereich liegt, obwohl $p = 0,2$ gilt:
      $$P(Z \geq 14) = 1 - P(Z \leq 13) = 1 - F(50; 0,2; 13) = 1 - 0,8894 = 0,1106 = 11,06 \%$$

2. Es handelt sich um einen rechtsseitigen Signifikanztest:
   H_0: $p \leq 0,1$; $\overline{A} = \{k_0 + 1; \ldots; n\}$; $n = 200$
   Es muss folgende Ungleichung erfüllt sein:
   $$P(Z \geq k_0 + 1) = 1 - P(Z \leq k_0) = 1 - F(200; 0,1; k_0) \leq 0,01 \quad \Leftrightarrow \quad F(200; 0,1; k_0) \geq 0,99$$
   Mithilfe der Stochastiktabelle erhält man: $F(200; 0,1; 30) = 0,9905 \geq 0,99$
   Ablehnungsbereich: $\overline{A} = \{31; 32; \ldots; 200\}$

Worauf Sie achten sollten …

- Man wählt normalerweise die Hypothese als Nullhypothese, die man gerne verwerfen möchte, da sich der Fehler 1. Art besser kontrollieren lässt.
- Der Fehler 1. Art heißt auch **α-Fehler**, der Fehler 2. Art auch **β-Fehler**.
- Der Fehler 1. Art wird maximal für den Grenzfall, also wenn $p = p_0$.
- Der Fehler 1. Art wird durch das gewählte Signifikanzniveau begrenzt. Der **Fehler 2. Art** ist abhängig von der **tatsächlichen Trefferwahrscheinlichkeit**. Er kann daher nur berechnet werden, wenn die wirkliche zugrunde liegende Wahrscheinlichkeit bekannt ist.
- Je kleiner das Signifikanzniveau gewählt wird, desto größer wird der Fehler 2. Art. Beide Fehler gleichzeitig können nur verkleinert werden, wenn die Stichprobe vergrößert wird.
- Hypothesentests gehören zur **beurteilenden Statistik**. In diesem Teilgebiet der Stochastik werden aus Beobachtungen Rückschlüsse auf Wahrscheinlichkeiten gezogen.

Auf einen Blick

Bei **zweiseitigen Hypothesentests** wird die Nullhypothese aufgestellt, dass die Wahrscheinlichkeit
ein bestimmter Wert ist: $p = p_0$

Der Ablehnungsbereich setzt sich aus zwei
Intervallen zusammen, die auf beiden Seiten des
Annahmebereichs liegen.

Das Signifikanzniveau verteilt sich zu gleichen
Teilen auf beide Intervalle des Ablehnungsbereichs.

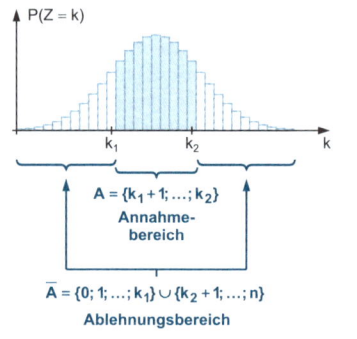

$\overline{A} = \{0; 1; \dots; k_1\} \cup \{k_2 + 1; \dots; n\}$

Ablehnungsbereich

Begriffe, Schreibweisen und Formeln

Gegenüberstellung: Einseitiger und zweiseitiger Hypothesentest

	Einseitiger Hypothesentest	**Zweiseitiger Hypothesentest**
Nullhypothese H_0	$p \geq p_0$ oder $p \leq p_0$	$p = p_0$
Ablehnungsbereich	$\overline{A} = \{0; 1; \dots; k_0\}$ oder $\overline{A} = \{k_0 + 1; \dots; n\}$	$\overline{A} = \{0; \dots; k_1\} \cup \{k_2 + 1; \dots; n\}$
Signifikanzniveau	$P(Z \leq k_0) \leq \alpha$ bzw. $P(Z \geq k_0 + 1) \leq \alpha$ für $p = p_0$	$P(Z \leq k_1) \leq \frac{\alpha}{2}$ und $P(Z \geq k_2) \leq \frac{\alpha}{2}$ für $p = p_0$

Sigma-Umgebungen

- Bei zweiseitigen Hypothesentests können auch die **Sigma-Umgebungen** verwendet werden. Sie geben das Intervall symmetrisch um den Erwartungswert an, in dem die Werte mit
  einer bestimmten Wahrscheinlichkeit auftreten.

- Für diese Näherung muss $\sigma(Z) > 3$ erfüllt sein.

- Es gelten:
  $P(\mu - \mathbf{1{,}64}\sigma \leq X \leq \mu + \mathbf{1{,}64}\sigma) \approx \mathbf{0{,}90}$
  $\Rightarrow$ Annahmebereich zum Signifikanzniveau **0,1**: $A = [\mu - 1{,}64\sigma; \mu + 1{,}64\sigma]$

  $P(\mu - \mathbf{1{,}96}\sigma \leq X \leq \mu + \mathbf{1{,}96}\sigma) \approx \mathbf{0{,}95}$
  $\Rightarrow$ Annahmebereich zum Signifikanzniveau **0,05**: $A = [\mu - 1{,}96\sigma; \mu + 1{,}96\sigma]$

  $P(\mu - \mathbf{2{,}58}\sigma \leq X \leq \mu + \mathbf{2{,}58}\sigma) \approx \mathbf{0{,}99}$
  $\Rightarrow$ Annahmebereich zum Signifikanzniveau **0,01**: $A = [\mu - 2{,}58\sigma; \mu + 2{,}58\sigma]$

- Der Ablehnungsbereich ist dann genau das Gegenteil vom Annahmebereich.

Beispielaufgaben

1. Ein Cola-Hersteller möchte untersuchen, ob es einen klaren Favoriten zwischen der norma-
   len und der zuckerfreien Variante gibt. Dafür werden 100 Kunden befragt. Die Zufallsgröße Z
   gibt die Anzahl der Kunden an, die die normale Cola bevorzugen. Man erhält als Ergebnis,
   dass 63 Kunden lieber die normale Cola trinken.
   Beurteilen Sie das Ergebnis mithilfe eines Hypothesentests mit dem Signifikanzniveau 0,05.

2. Eine Maschine produziert 6 % Ausschuss. Nach einem Softwareupdate soll überprüft werden, ob sich die Quote für den Ausschuss verändert hat. Dafür werden 750 Teile kontrolliert. Entwickeln Sie hierfür einen Hypothesentest mit dem Signifikanzniveau von 10 %.

Lösung:
1. Es handelt sich um einen zweiseitigen
   Signifikanztest:
   H_0: $p = 0,5$; $\overline{A} = \{0; \ldots; k_1\} \cup \{k_2 + 1; \ldots; n\}$
   $n = 100$
   Der Fehler 1. Art soll maximal 0,05 betragen.
   Da es sich um einen zweiseitigen Signifikanztest handelt, müssen zwei Ungleichungen
   erfüllt werden:

   > Wenn es keinen Favoriten gibt, entscheiden sich die Kunden mit einer Wahrscheinlichkeit von 50 % für die normale Cola. Daher wird dies als Nullhypothese angenommen.

$P(Z \leq k_1) = F(100; 0,5; k_1) \leq 0,025$ $\qquad$ $P(Z \geq k_2 + 1) = 1 - P(Z \leq k_2)$
$$= 1 - F(100; 0,5; k_2) \leq 0,025$$
$$F(100; 0,5; k_2) \geq 0,975$$

Mithilfe der Stochastiktabelle erhält man:
$k_1 = 39$ $\qquad\qquad\qquad$ $k_2 = 60$

Ablehnungsbereich: $\overline{A} = \{0; 1; \ldots; 39\} \cup \{61; \ldots; 100\}$
Annahmebereich: $A = \{40; \ldots; 60\}$
$Z = 63$ liegt im rechten Teil des Ablehnungsbereiches der Nullhypothese. Daher kann man vermuten, dass mehr Kunden die normale Cola bevorzugen.

2. Da nicht bekannt ist, ob sich die Quote verbessert oder verschlechtert haben könnte, handelt es sich um einen zweiseitigen Signifikanztest:
   H_0: $p = 0,06$; $\overline{A} = \{0; \ldots; k_1\} \cup \{k_2 + 1; \ldots; n\}$; $n = 750$
   Da für diese Werte meistens keine Stochastiktabelle vorliegt, wird die Sigma-Umgebung verwendet, um den Annahmebereich und daraus den Ablehnungsbereich der Nullhypothese zu ermitteln.
   $\mu = n \cdot p = 750 \cdot 0,06 = 45$
   $\sigma(Z) = \sqrt{n \cdot p \cdot (1 - p)} = \sqrt{750 \cdot 0,06 \cdot 0,94} \approx 6,50 > 3$
   Für den Annahmebereich gilt mit dem Signifikanzniveau 0,1:
   $A = [\mu - 1{,}64\sigma; \mu + 1{,}64\sigma] = [45 - 1{,}64 \cdot 6{,}50; 45 + 1{,}64 \cdot 6{,}50] = [34{,}34; 55{,}66] \approx [34; 56]$
   Für den Ablehnungsbereich gilt:
   $\overline{A} = \{0; 1; \ldots; 33\} \cup \{57; \ldots; 750\}$
   Erhält man bei der Kontrolle höchstens 33 oder mindestens 57 Ausschussteile, so kann man davon ausgehen, dass sich die Quote verändert hat.

Worauf Sie achten sollten ...

- Den Fehler 1. und 2. Art bestimmt man wie bei einseitigen Hypothesentests über den Ablehnungs- bzw. Annahmebereich. Man muss nur beachten, dass sich der Ablehnungsbereich aus zwei Intervallen zusammensetzt.

- Wenn man nicht weiß, ob sich eine Wahrscheinlichkeit vergrößert oder verkleinert hat, verwendet man den zweiseitigen Hypothesentest. [▶ *Beispielaufgabe 2*]

Allgemeines

- Binomialverteilungen sind üblicherweise nur für bestimmte Werte von n und p tabellarisiert.
- Es ist entscheidend, mit der zu p und k passenden Tabelle zu arbeiten.
- Es gibt Tabellen, in denen bei Werten für Wahrscheinlichkeiten die führende Null und das Komma weggelassen werden.

Beispiele

n	k	p	0,05	0,10	0,15
4	0		0,81451	0,65610	0,52201
	1		0,17148	0,29160	0,36848
	2		**0,01354**	0,04860	0,09754
	3		0,00048	0,00360	0,01148
	4		0,00001	0,00010	0,00051
5	0		0,77378	0,59049	0,44371
	1		0,20363	0,32805	0,39150
	2		0,02143	0,07290	0,13818
	3		0,00113	0,00810	0,02438
	4		0,00003	0,00045	0,00215
	5		0,00000	0,00001	0,00008

↑	↑	↑	↑	↑
Ketten-länge	Treffer-anzahl	Wahrscheinlich-keit für genau k Treffer bei p = 0,05	Wahrscheinlich-keit für genau k Treffer bei p = 0,10	Wahrscheinlich-keit für genau k Treffer bei p = 0,15

1. Wahrscheinlichkeit B(n; p; k) gesucht: Was ist **B(4; 0,05; 2)**?
   Vorgehen (siehe durchgezogene Pfeillinie):
   - Suchen Sie in der 1. Zeile nach p = 0,05.
   - Suchen Sie in der 1. Spalte nach n = 4.
   - Suchen Sie in der 2. Spalte nach k = 2.
   - Lesen Sie in der 3. Spalte den Wert rechts daneben ab.
   ⇒ B(4; 0,05; 2) = **0,01354** = 1,354 %

2. Trefferanzahl k gesucht: Für welches k gilt **B(5; 0,15; k) = 0,02438**?
   Vorgehen (siehe gestrichelte Pfeillinie):
   - Suchen Sie in der 1. Zeile nach p = 0,15.
   - Suchen Sie in der 1. Spalte nach n = 5.
   - Suchen Sie in der 5. Spalte im entsprechenden Bereich nach 0,02438.
   - Gehen Sie horizontal nach links und lesen Sie das zugehörige k ab.
   ⇒ B(5; 0,15; **3**) = 0,02438 = 2,438 %

Allgemeines

- Die kumulativen Binomialverteilungen werden entweder gemeinsam in einer Tabelle mit den jeweils entsprechenden nicht-kumulativen Verteilungen dargestellt oder aber in getrennten Tabellen. [▶ Beispiele]
- Tabellen zu kumulativen Binomialverteilungen erkennt man insbesondere daran, dass die Werte für F(n; p; k) bei steigendem n nie fallen.

Beispiele

n	k \ p	0,05	0,10	0,15
4	0	0,81451	0,65610	0,52201
	1	0,98598	0,94770	0,89048
	2	**0,99952**	0,99630	0,98802
	3	0,99999	0,99990	0,99949
5	0	0,77378	0,59049	0,44371
	1	0,97741	0,91854	0,83521
	2	0,99884	0,99144	0,97339
	3	0,99997	0,99954	0,99777
	4		0,99999	0,99992

↑	↑	↑	↑	↑
Kettenlänge	Trefferanzahl	Wahrscheinlichkeit für höchstens k Treffer bei p = 0,05	Wahrscheinlichkeit für höchstens k Treffer bei p = 0,10	Wahrscheinlichkeit für höchstens k Treffer bei p = 0,15

1. Wahrscheinlichkeit F(n; p; k) gesucht: Was ist **F(4; 0,05; 2)**?
   Vorgehen (siehe durchgezogene Pfeillinie):
   - Suchen Sie in der 1. Zeile nach p = 0,05.
   - Suchen Sie in der 1. Spalte nach n = 4.
   - Suchen Sie in der 2. Spalte nach k = 2.
   - Lesen Sie in der 3. Spalte den Wert rechts daneben ab.
   ⇒ F(4; 0,05; 2) = **0,99952** = 99,952 %

2. Trefferanzahl k gesucht: Für welche k gilt **F(5; 0,10; k) < 0,95**?
   Vorgehen (siehe gestrichelte Pfeillinie):
   - Suchen Sie in der 1. Zeile nach p = 0,10.
   - Suchen Sie in der 1. Spalte nach n = 5.
   - Suchen Sie in der 4. Spalte im entsprechenden Bereich nach Werten kleiner als 0,95.
   - Gehen Sie jeweils horizontal nach links und lesen Sie die zugehörigen k ab.
   ⇒ F(5; 0,10; **0**) < 0,95 und F(5; 0,10; **1**) < 0,95

Allgemeines

- In den Tabellen werden die Werte von $\Phi(x) = \frac{1}{\sqrt{2 \cdot \pi}} \cdot \int_{-\infty}^{x} e^{-\frac{1}{2}t^2}\, dt$ angezeigt.

- Aufgrund der Symmetrie werden nur die Werte für $x \geq 0$ tabellarisiert, denn: $\Phi(-x) = 1 - \Phi(x)$

- Üblicherweise werden Werte für $0 \leq x \leq 4{,}09$ angegeben, da gilt: $\Phi(x) \approx 1$ für $x > 4{,}09$

- Für eine normalverteilte Zufallsgröße mit dem Erwartungswert μ und der Standardabweichung σ können mithilfe der Standardnormalverteilung Bereichswahrscheinlichkeiten berechnet werden mit:

  $P(a \leq X \leq b) = \Phi\left(\frac{b - \mu}{\sigma}\right) - \Phi\left(\frac{a - \mu}{\sigma}\right)$

Beispiele

Auszug aus der Tabelle für $1{,}00 \leq x \leq 1{,}59$:

x	0	0,01	0,02	0,03	0,04	0,05	0,06	0,07	0,08	0,09
1,0	0,84134	0,84375	0,84614	0,84849	0,85083	0,85314	0,85543	0,85769	0,85993	0,86214
1,1	0,86433	0,86650	0,86864	0,87076	0,87286	0,87493	0,87698	0,87900	0,88100	0,88298
1,2	0,88493	0,88686	0,88877	0,89065	0,89251	0,89435	0,89617	0,89796	0,89973	0,90147
1,3	0,90320	0,90490	0,90658	0,90824	0,90988	0,91149	0,91309	0,91466	0,91621	0,91774
1,4	0,91924	0,92073	0,92220	0,92364	0,92507	0,92647	0,92785	0,92922	0,93056	0,93189
1,5	0,93319	0,93448	0,93574	0,93699	0,93822	0,93943	0,94062	0,94179	0,94295	0,94408

1. Wert der Standardnormalverteilung $\Phi(x)$ gesucht: Was ist **$\Phi(1{,}24)$**?
   Vorgehen (siehe durchgezogene Pfeillinien):
   - Zerlegen Sie: $x = 1{,}24 = 1{,}2 + 0{,}04$
   - Suchen Sie in der 1. Spalte nach 1,2.
   - Suchen Sie in der 1. Zeile nach 0,04.
   - Lesen Sie denjenigen Wert ab, der sowohl zur 1,2-Zeile als auch zur 0,04-Spalte gehört.
   $\Rightarrow \Phi(1{,}24) = \mathbf{0{,}89251} = 89{,}251\,\%$

2. Argument x gesucht: Für welches x gilt **$\Phi(x) = 0{,}92785$**?
   Vorgehen (siehe gestrichelte Pfeillinien):
   - Suchen Sie in der Tabelle nach dem Wert 0,92785.
   - Gehen Sie horizontal nach links und lesen Sie den Wert ab.
   - Gehen Sie vertikal nach oben und lesen Sie den Wert ab.
   - Addieren Sie die beiden abgelesenen Werte.
   $\Rightarrow x = 1{,}4 + 0{,}06 = \mathbf{1{,}46}$

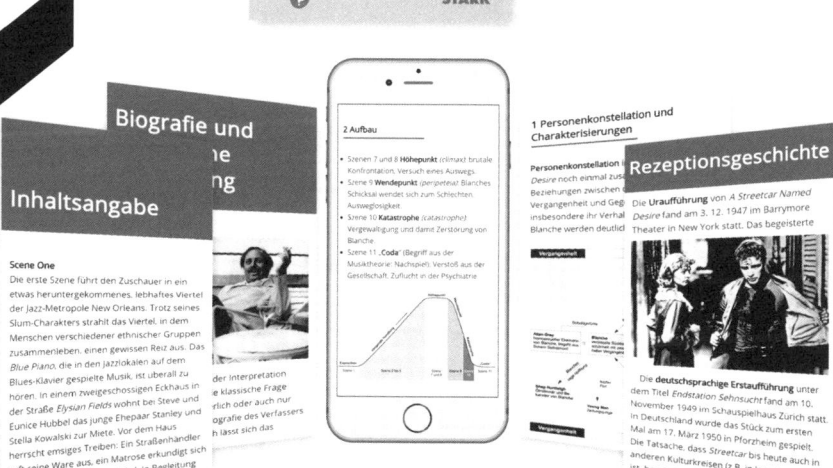